Wolfgang Lippert
Dieter Podlech

GU Naturführer

Blumen

Die wichtigen Blütenpflanzen Mitteleuropas erkennen und bestimmen

GU
Gräfe und Unzer

Einstecken – Natur entdecken

Dieser praktische Blumenführer ist für Naturfreunde maßgeschneidert. Sein handliches Einsteck-Format, die attraktiven Naturfarbfotos und die informativen Zeichnungen machen ihn zum idealen Begleiter auf Streifzügen durch die Natur, auf Reisen, Wanderungen und Spaziergängen.

Abgebildet und beschrieben sind die wichtigen Blütenpflanzen Mitteleuropas:

420 naturgetreue Farbfotos, ausnahmslos aufgenommen am natürlichen Standort, zeigen die charakteristische Wuchsform mit allen wichtigen Pflanzenteilen.

250 botanische Zeichnungen verdeutlichen Details wie Blütenform, Stengel- und Blattform, Fruchtstand.

Kurze, leicht auffaßbare Beschreibungstexte, die den Farbfotos unmittelbar zugeordnet sind, informieren über Aussehen, Standort, Verbreitung und ähnliche Arten.

Das Bestimmungssystem dieses Blumenführers ist ebenso einfach wie sinnvoll: Die abgebildeten Blumen sind nach Blütenfarben geordnet und stehen in den entsprechenden Farbfonds. Signalfarbene Griffmarken, die auch außen am Buch deutlich zu sehen sind, erleichtern das Auffinden der gesuchten Blumenfarbe. Der erste Schritt bei der Bestimmung in der Natur ist also die Wahl der Farbgruppe; der zweite besteht darin, die gesuchte Art anhand wichtiger Erkennungsmerkmale wie Blüte, Frucht, Blätter, Wuchsform aufzufinden.

Weitere praktische Bestimmungshilfen sind Zeichnungen von Blütenformen und Fruchtständen sowie Stengel- und Blattformen; außerdem eine Kleine Pflanzenkunde und ein Arten-Register. Ein Zentimeterstreifen auf den Umschlaginnenseiten ermöglicht den Größenvergleich an Ort und Stelle.

Mit diesem Blumenführer in der Tasche können auch botanisch Ungeübte Blumen unserer Heimat kennen- und bestimmen lernen. Nur wer sie kennt, kann für ihren Schutz und die Erhaltung bedrohter Biotope eintreten.

Die Autoren

sind führende Botaniker und gehören zu den besten Kennern der europäischen Flora:

Dr. rer. nat. Wolfgang Lippert, Gröbenzell, Oberkonservator an der Botanischen Staatssammlung in München, Vorsitzender der Bayerischen Botanischen Gesellschaft.

Dr. rer. nat. Dieter Podlech, Hebertshausen, Professor am Institut für systematische Botanik der Ludwig-Maximilian-Universität München, Mitarbeiter am botanischen Standardwerk »Hegi, Illustrierte Flora von Mitteleuropa«.

Blumen nach Blütenfarben bestimmen

Um Ihnen das Bestimmen zu erleichtern, sind die in diesem Buch vorgestellten 600 Blumenarten nach Blütenfarben geordnet. Die Farbfotos und Beschreibungstexte stehen in entsprechenden Farbfonds, signalfarbene Griffmarken kennzeichnen bereits von außen die Farbgruppen Blau, Gelb, Rot, Weiß und Grün.

Die fünf Farbgruppen

	In dieser Farbgruppe sind alle Blumen zu finden, die in den Farben Hellblau bis Dunkelblau und Blauviolett blühen.	Seite 8– 33
	In dieser Farbgruppe sind alle Blumen zu finden, die in den Farben Hellgelb bis Orange blühen.	Seite 34– 93
	In dieser Farbgruppe sind alle Blumen zu finden, die in den Farben Rosa bis Dunkelrot, Purpur und Rotviolett blühen.	Seite 94–157
	In dieser Farbgruppe sind alle Blumen zu finden, die in den Farben Weiß oder Cremefarben blühen.	Seite 158–211
	In dieser Farbgruppe sind alle Blumen zu finden, die in grünlichen und bräunlichen Farbtönen blühen.	Seite 212–241

Innerhalb jeder Farbgruppe sind die Blumenarten in immer gleicher Reihenfolge gemäß ihrer Zugehörigkeit zu größeren systematischen Einheiten (Gattung, Familie) angeordnet.

Ausnahmen von der Regel

Die meisten Blumen können Sie nach ihrer Blütenfarbe eindeutig einordnen. Mit Hilfe der Blütenfarbe, also der Farbe der Kronblätter, sind auch die Pflanzen zu bestimmen, deren Kelchblätter farblich ebenso auffällig sind (Beispiel: Bach-Nelkenwurz, Seite 182), und jene, deren Kronblätter andersfarbige Flecken tragen (Beispiel: Bunter Hohlzahn, Seite 74).
Drei Besonderheiten, die nur in wenigen Fällen zutreffen:

- Änderung der Blütenfarbe während der Blütezeit (Beispiel: Echtes Lungenkraut, Seite 20).
- Schwankungen in der Blütenfarbe – vornehmlich in den Bereichen Rot/Blau (Beispiel: Acker-Witwenblume, Seite 148), Rosa/Weiß (Beispiel: Aufgeblasenes Leimkraut, Seite 170), Hellgelb/Weiß (Beispiel: Zweihäusige Zaunrübe, Seite 188).
- Auftreten von zwei verschiedenen Blütenfarben (Beispiel: Gemeiner Beinwell, Seite 202).

Blüten- und Kelchformen

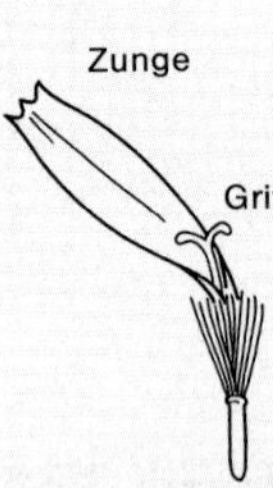

Zungenblüte

Röhrenblüte

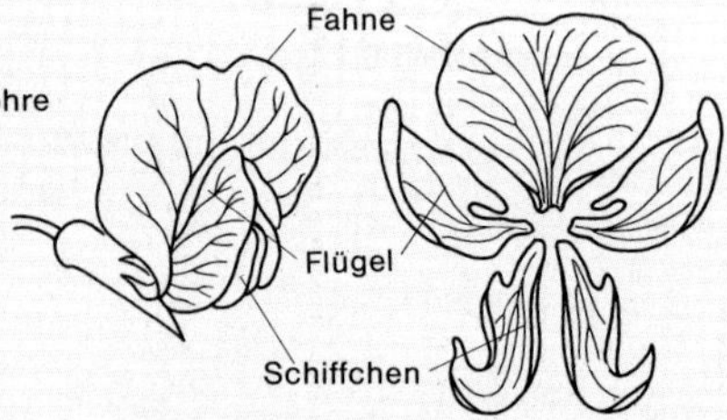

Schmetterlingsblüte

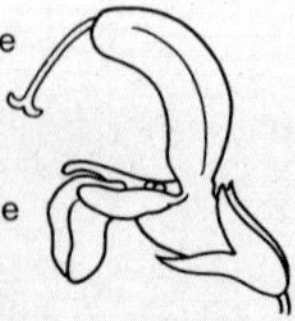

Lippenblüte

Rachenblüte mit Sporn

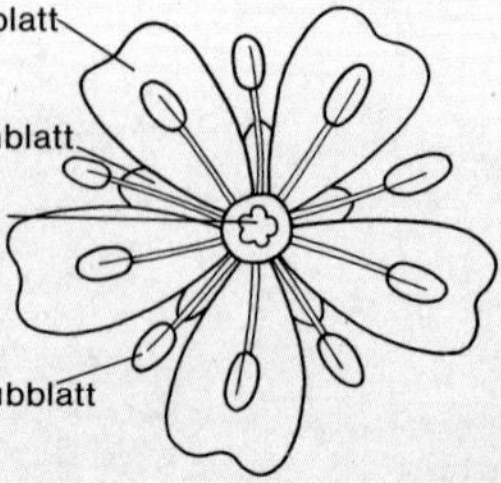

Blüte in Aufsicht

Blüte mit freien Kelch- und Kronblättern (Schnitt)

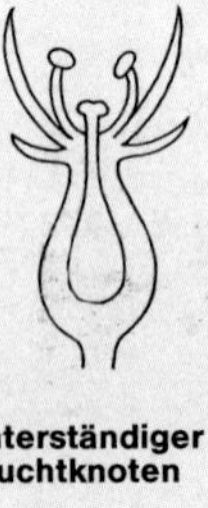

unterständiger Fruchtknoten

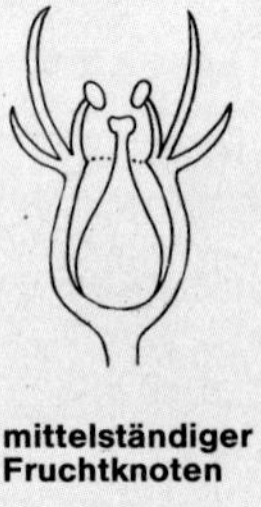

mittelständiger Fruchtknoten

Einfache Blütenhülle

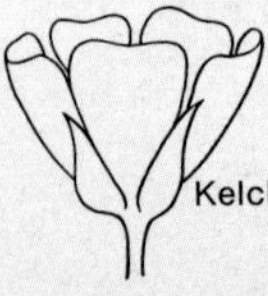

Blütenhülle aus freien Kelch- und Kronblättern

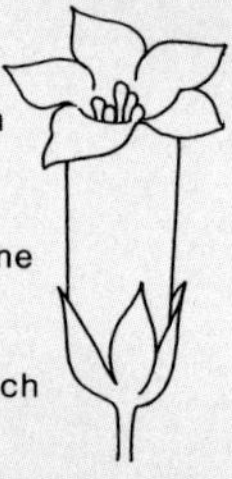

Blütenhülle aus verwachsenen Kelch- und Kronblättern

Erläuterung zu Farbfotos, Zeichnungen, Texten

Die Auswahl der Blumenarten

Im »GU Naturführer BLUMEN« sind die wichtigen Blumen Mitteleuropas vorgestellt – häufige, wenn auch eher unscheinbare ebenso wie auffällige, jedoch weniger häufige Arten. Mitteleuropa, das Kerngebiet Europas, reicht vom Westteil der Niederlande und Frankreichs ostwärts bis Polen, zur Tschechoslowakei und bis Westungarn, südwärts bis zum Südrand der Alpen und ins Gebiet von Laibach, nordwärts bis Südskandinavien. Die vorgestellten Blütenpflanzen können Sie von der Meeresküste bis in die Täler der Alpen finden. Alpenblumen, die hauptsächlich in Hochgebirgslagen anzutreffen sind, wurden hier nicht berücksichtigt, ebensowenig Bäume und höherwüchsige Sträucher.

Die Naturfarbfotos

Alle Farbfotos sind am natürlichen Standort der Blumen aufgenommen und nach den Kriterien »optimale Bildqualität« und »ideales Bestimmungsbild« ausgewählt. Sie zeigen:

- das typische Erscheinungsbild der Pflanze an ihrem natürlichen Standort,
- die typische Wuchsform der Pflanze zur Blütezeit,
- Stengelblätter und, wenn für das Erkennen wichtig, Grundblätter der Pflanze.

Pflanzen sind Individuen, deren von Erbanlagen bestimmter Bauplan durch Umwelteinflüsse, beispielsweise Standortbedingungen, verändert sein kann. Es ist deshalb nicht immer eine völlige Übereinstimmung der gefundenen Pflanze mit der Abbildung gegeben.
Farbfotos und Beschreibungstexte sind einander auf einer Doppelseite zugeordnet; das Farbfoto und der dazugehörige Steckbrief tragen dieselbe Nummer.

Die Steckbriefe

In den Beschreibungstexten der vorgestellten Blumen (Steckbriefe) finden Sie alle wichtigen Angaben, die Ihnen – in Ergänzung zum farbigen Bestimmungsfoto – das Erkennen ermöglichen.
Nach dem <u>deutschen Namen</u> der Blume (in einigen Fällen auch dem ebenso gebräuchlichen <u>Zweitnamen</u>) finden Sie den <u>lateinischen Namen</u> gemäß der »Flora Europaea«, dem 1980 vollständig erschienenen fünfbändigen botanischen Werk. Außerdem ist der Name der <u>Pflanzenfamilie</u> angegeben.
Alle geschützten, in ihrem Bestand gefährdeten oder im Rückgang begriffenen Arten sowie die giftigen Arten sind durch Symbole gekennzeichnet, die jeweils auch für die ähnlichen Arten gelten.

Erklärung der Symbole:

Ⓢ geschützt

▽ gefährdet oder in ständigem Rückgang begriffen

⊞ giftig

Das charakteristische Erscheinungsbild einer jeden Blume, also ihr Aussehen, ist detailliert beschrieben. Neben der Farbe sind Form und Anordnung der Blüten die wichtigsten Bestimmungsmerkmale. Auch Form und Struktur der Früchte sind für die Erkennung sehr wichtig, da die Pflanzen hier am »konservativsten« sind und sich diese Merkmale durch Umwelteinflüsse kaum ändern. Die Ausbildung der Blätter jedoch kann standortbedingten Veränderungen unterliegen; besonders stark variieren Höhe und Verzweigung des Stengels.
Die Blütezeit einer Pflanze ist abhängig von jahreszeitlichen Wetterbedingungen und davon, wo die beschriebene Art wächst, ob in der Ebene oder im Mittelgebirge, ob im Norden oder im Süden Mitteleuropas. Deshalb umfaßt sie eine relativ große Zeitspanne. Die Angaben über den Standort dienen bei der Bestimmung lediglich als Orientierungshilfe, weil die meisten Arten viele unterschiedliche Standorte besiedeln können, die in der Reihenfolge ihrer häufigsten Besiedelung angegeben sind. Unter dem Stichwort Verbreitung sind die Gebiete Mitteleuropas angegeben, in denen die Arten wachsen; darüber hinaus sind auch die außereuropäischen Gebiete genannt, in denen die Blumen vorkommen.
Ähnliche Arten unterscheiden sich von den abgebildeten oft durch Merkmale, die erst bei genauerer Betrachtung zu erkennen sind. Um Ihnen die Bestimmung zu erleichtern, sind diese Unterscheidungsmerkmale in Zeichnungen dargestellt.

Die botanischen Zeichnungen

Die Zeichnungen stehen innerhalb der Beschreibungstexte; sie zeigen entweder wichtige Merkmale als Ergänzung zu den Farbfotos oder die Unterscheidungsmerkmale von ähnlichen Arten. Außerdem enthält dieser Blumenführer Zeichnungen von Fruchtständen und Blütenformen (vordere Umschlaginnenseite und erste Textseite), von Blattformen und Blütenständen (letzte Textseite und hintere Umschlaginnenseite).

Weitere Bestimmungshilfen

In kurzer und leicht verständlicher Form vermittelt die *Kleine Pflanzenkunde* (Seite 242) botanisches Grundwissen und erläutert die in den Steckbriefen verwendeten Begriffe. Exakte botanische *Zeichnungen* ergänzen diese Erklärungen auf sinnvolle und anschauliche Weise. Ein *Arten-Register* (Seite 247) macht das Auffinden bekannter Blumenarten leicht. Ein *Zentimeterstreifen* auf den Umschlaginnenseiten ermöglicht den Größenvergleich an Ort und Stelle.

1 Zweiblättriger Blaustern

Scilla bifolia Ⓢ
(Liliengewächse)
Bis 30 cm hohe, kahle Pflanze mit nur einem blühenden Stengel. Meist 2 grasartige Blätter. Blütenstiele länger als der Blütendurchmesser; Blüten mit 6 sternförmig abstehenden Blütenblättern, blau bis violett; 6 Staubblätter; Fruchtknoten oberständig.
Blütezeit: III–IV. Standort: Laubwälder, Obstgärten. Verbreitung: Große Gebiete Europas, nordwärts bis Holland, Mitteldeutschland und Südpolen; gebietsweise selten oder fehlend.
Ähnliche Arten: **Sibirischer Blaustern,** *S. sibirica* (Pflanze mit mehreren Blättern und Stengeln, Blütenstiele kürzer als der Blütendurchmesser, Blüten breit glockenförmig), angepflanzt, gelegentlich verwildert. – **Hasenglöckchen,** *Hyacinthoides non scripta* (Blütenblätter am Grund zu einem Becher verwachsen, Blütenhülle schmal glockenförmig, jede Blüte mit 2 Tragblättern), angepflanzt und gelegentlich verwildert.

H. non scripta

Blüte

2 Kleine Traubenhyazinthe Ⓢ

Muscari botryoides
(Liliengewächse)
Bis 25 cm hohe, kahle Pflanze. Blätter grasartig, bis 8 mm breit, zur Spitze hin verbreitert. Blütenstand dicht, 3–6 cm lang; Blüten hängend, kugelig (Perigonblätter fast ganz verwachsen), geruchlos, dunkelblau mit weißem Rand und nach außen gebogenen Perigonzähnen; 6 Staubblätter; 1 kurzer Griffel; Fruchtknoten oberständig.
Blütezeit: IV–V. Standort: Wiesen, lichte Laubwälder; auf Kalk. Verbreitung: Große Gebiete Europas, vor allem in wärmeren Lagen; gelegentlich aus Gärten verwildert.
Ähnliche Art: **Weinbergs-Traubenhyazinthe,** *M. racemosum* (Blätter schmal linealisch, länger als der Stengel, Blüten duftend, länglich eiförmig), in Weinbergen und trockeneren Rasengesellschaften.

3 Sibirische Schwertlilie

Iris sibirica Ⓢ ▽
(Schwertliliengewächse)
Bis 1 m hohe, in dichten Büschen wachsende Pflanze. Blätter grasartig, 2–5 cm breit, die grundständigen kürzer als der Stengel. Stengel rund, mit 1 bis 3 Blüten in den Achseln von Hochblättern. Blüten hell oder dunkler blauviolett; äußere Blütenblätter nach unten gerichtet, ohne Bart, nach innen zu heller mit dunkler Aderung; innere Blütenblätter aufrecht, etwas dunkler als die äußeren. Frucht eine bis 5 cm lange Kapsel.
Blütezeit: V–VI. Standort: Streuwiesen, Sumpfwiesen, Verlandungsgebiete. Verbreitung: Europa; ostwärts bis Japan; gebietsweise sehr selten oder fehlend.

1|2

3

1 Gemeine Akelei Ⓢ

Aquilegia vulgaris
(Hahnenfußgewächse)
Bis 60 cm hohe Pflanze. Grundblätter lang gestielt, doppelt 3teilig, Blättchen gekerbt; Stengelblätter kleiner, sitzend. Blüten violettblau, selten rosa oder weiß; Kelchblätter schmal eiförmig, Kronblätter stumpf, am Grunde hakenförmig gespornt. Frucht mit 5 bis 8 länglichen, aufrechten Bälgen.
Blütezeit: VI–VII. Standort: Waldränder, Trockenwiesen. Verbreitung: Mitteleuropa.

2 Feldrittersporn

Consolida regalis
(Hahnenfußgewächse)
Einjährige, bis 50 cm hohe Pflanze. Blätter 3teilig mit zerteilten, schmal linealischen Zipfeln. Blüten rein blau; Kelchblätter eiförmig; Kronblätter verwachsen, am Grunde in einen langen Sporn auslaufend. Frucht ein einzelner, kahler Balg.
Blütezeit: V–VIII. Standort: Äcker, Feldränder. Verbreitung: Europa; Kleinasien.

3 Blauer Eisenhut Ⓢ ⊞

Aconitum napellus
(Hahnenfußgewächse)
Bis 1,5 m hohe Pflanze mit kräftigem, meist unverzweigtem Stengel. Blätter handförmig, bis zum Grunde 5- bis 7teilig. Blüten in endständiger Traube, tiefblau; 5 Blütenblätter, ungleich, das oberste als »Helm« ausgebildet, dieser breiter als hoch. Frucht 3 kahle Bälge.
Blütezeit: VI–VIII. Standort: Gebirgswälder, Hochstauden, Bachufer. Verbreitung: Mittel- und Hochgebirge ganz Europas.
Ähnliche Arten: **Rispiger Eisenhut,** *A. paniculatum* (rispiger Blütenstand und länger ausgezogener Helm). – **Gescheckter Eisenhut,** *A. variegatum* (meist rispiger Blütenstand und hoher, zipfelmützenartiger Helm).

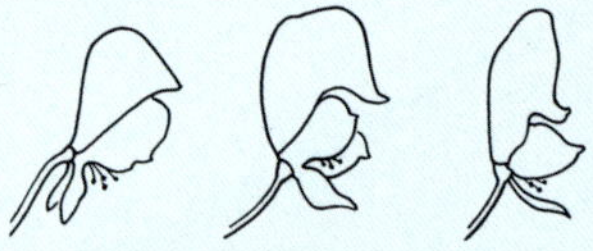

A. napellus A. paniculatum A.variegatum
Blüten

4 Gemeine Kuhschelle Ⓢ

Gemeine Küchenschelle
Pulsatilla vulgaris
(Hahnenfußgewächse)
Bis 30 cm hohe, behaarte Pflanze. Grundblätter nach der Blüte erscheinend, mehrfach gefiedert. Stengel 1blütig mit einem Quirl stark zerteilter Blätter. Blüten bis 5 cm lang, zuerst glockig, dann ausgebreitet, violett, außen zottig behaart. Früchte mit bis 5 cm langem, behaartem Griffel.
Blütezeit: III–V. Standort: Trockener Rasen; meist auf Kalk. Verbreitung: Mitteleuropa.

P. patens P. vulgaris
Blätter

Ähnliche Art: **Finger-Kuhschelle,** *P. patens* (Blätter 3zählig mit fingerig zerteilten Abschnitten), in Ostdeutschland und Bayern.

1

2|3

4

1 Wiesen-Storchschnabel

Geranium pratense
(Storchschnabelgewächse)
Bis 1 m hohe Pflanze mit borstig behaartem, oben drüsigem, gabelig verzweigtem Stengel. Grundblätter und unterste Stengelblätter lang gestielt, rauh behaart, mit 5 bis 7 tief fiederspaltigen, gezähnten Abschnitten; Stengelblätter gegenständig, klein. Blüten 5zählig, radiär; Kron- und Kelchblätter nicht verwachsen; Blütenstiele nach dem Verblühen abwärts gebogen, zuletzt gelegentlich wieder aufrecht; Kronblätter bis 2 cm lang, verkehrt eiförmig, violettblau bis hellblau mit dunkleren Adern, ausgebreitet; 10 Staubblätter, die Staubfäden am Grund stark verbreitert; Fruchtknoten oberständig, lang geschnäbelt.

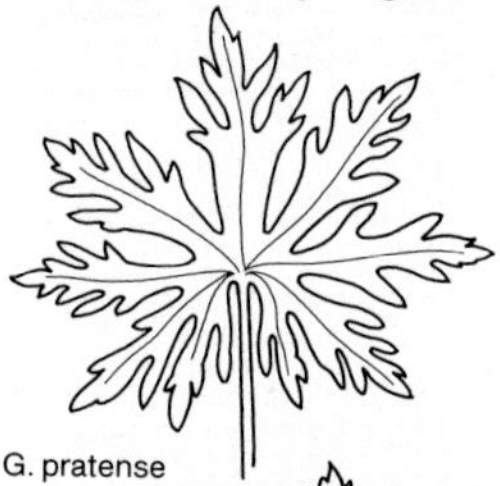

G. pratense

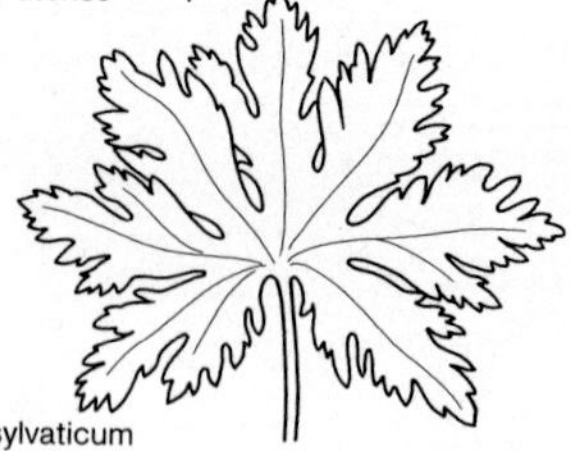

G. sylvaticum
Blätter

Frucht bis 3 cm lang, drüsenhaarig; bei der Reife in 5 einsamige Teilfrüchte zerfallend, die an der Spitze mit dem Schnabel verbunden bleiben, sich von unten aus aufwärts biegen und den Samen ausschleudern.

Blütezeit: VI–VIII. Standort: Feuchte Mähwiesen, auch Bachufer, Auwälder. Verbreitung: Von den Pyrenäen bis Japan; in Mitteleuropa gebietsweise selten oder fehlend.
Ähnliche Arten: **Wald-Storchschnabel,** *G. sylvaticum* (Staubfäden am Grund verschmälert, Krone rötlich bis violett, Blütenstiele nach dem Verblühen aufrecht bleibend, Blätter weniger stark zerteilt), in höheren Lagen verbreitet, im Flachland selten. – **Sumpf-Storchschnabel,** *G. palustre* (Stengel ohne Drüsenhaare, mit abwärts gerichteten Haaren, Krone hell purpurrot), in Sümpfen, an Bachrändern und in Ufergebüschen.

2 Leberblümchen

Hepatica nobilis
(Hahnenfußgewächse)
Bis 15 cm hohe Pflanze. Grundblätter zahlreich, oft überwinternd, lang gestielt, oberseits grün, kahl, unterseits braunrot bis violett, 3teilig mit breiten, eiförmigen Abschnitten. Blüten einzeln auf langen, behaarten Stengeln; dicht unter jeder Blüte, einem Kelch ähnlich, 3 ganzrandige Hochblätter; Blüten 2–3 cm breit, mit 5 bis 10 blauen oder rosa, seltener weißen Perigonblättern; zahlreiche Staubblätter. Früchtchen behaart.
Blütezeit: III–IV. Standort: Laubwälder, Gebüsche; auf Kalk. Verbreitung: Große Gebiete Europas; in Gebieten mit kalkfreien Böden selten oder fehlend.

1

2

1 Sumpf-Veilchen

Viola palustris
(Veilchengewächse)
Bis 10 cm hohe, kahle Pflanze ohne Stengel. Blätter nierenförmig, meist stumpf. Blüten geruchlos; Kronblätter hellviolett, das unterste mit dunklen Adern; Sporn violett, gerade. Blütezeit: V–VI. Standort: Moore, Sumpfwälder. Verbreitung: Fast ganz Europa, süd- und ostwärts selten.

2 Wohlriechendes Veilchen

Viola odorata
(Veilchengewächse)
Bis 10 cm hohe, spärlich behaarte bis kahle Pflanze ohne Stengel, mit langen, oberirdischen, sich bewurzelnden Ausläufern. Blätter rundlich, am Grund mit enger Bucht. Blüten duftend; Kronblätter dunkelviolett, selten weiß; Sporn gerade, dunkelviolett.
Blütezeit: III–IV. Standort: Lichte Laubwälder, Gebüsche. Verbreitung: Ursprünglich im Mittelmeer heimisch, durch Kultur weit verbreitet und verwildert.

3 Niedriges Veilchen ▽

Viola pumila
(Veilchengewächse)
Bis 30 cm hohe, fast kahle Pflanze mit beblättertem Stengel. Blätter am Grund keilförmig in den Stiel verschmälert; Nebenblätter der mittleren Stengelblätter etwa so lang wie der Blattstiel. Blüten geruchlos; Kronblätter hellviolett, dunkler geadert; Sporn gerade. Blütezeit: V–VI. Standort: Streuwiesen, Flachmoore. Verbreitung: Große Gebiete Europas, nirgends häufig.

4 Ausdauernder Lein Ⓢ

Linum perenne
(Leingewächse)
Kahle, bis 60 cm hohe Pflanze. Stengel beblättert. Blätter ganzrandig, 1–3 mm breit, bis 3 cm lang, wechselständig. Kelchblätter 3,5–6 mm lang, verschieden groß; Kronblätter 3- bis 4mal so lang wie die Kelchblätter.
Blütezeit: VI–VIII. Standort: Trockenrasen, lichte Kiefernwälder, Felshänge. Verbreitung: Europa, nirgends häufig.

5 Sumpf-Kreuzblümchen

Polygala amarella
(Kreuzblümchengewächse)
Bis 20 cm hohe Pflanze. Stengel am Grund mit deutlicher Blattrosette. Grundblätter verkehrt eiförmig, deutlich größer und breiter als die Stengelblätter, alle bitter schmeckend. Blüten blau oder weiß, 2–4 mm lang; Flügel länglich, die Seitennerven nicht mit dem Mittelnerv verbunden; Krone mit vielspaltigem Anhängsel.
Blütezeit: V–VIII. Standort: Wiesen, Quellfluren, lichte Wälder. Verbreitung: Europa.

1

2|3

4|5

1 Schwalbenwurz-Enzian

Gentiana asclepiadea Ⓢ
(Enziangewächse)
Bis 1 m hohe Pflanze mit beblättertem Stengel. Blätter lanzettlich bis eiförmig, zugespitzt, sitzend, 5nervig. Blüten zahlreich, einzeln oder zu mehreren in den Blattachseln; Krone bis 5 cm lang, schmal glockenförmig, blau, innen meist mit violetten Punkten, 5lappig mit kurzen Zipfeln; Kelch mit 5 kurzen, schmal lanzettlichen Kelchzipfeln.
Blütezeit: VIII–IX. Standort: Flachmoore, feuchte Wiesen, Hochstaudenfluren, Gebüsche, Bergwälder; fast nur auf kalkhaltigen Böden. Verbreitung: Mittel- und südeuropäische Gebirge bis weit ins Vorland; Kaukasus.

2 Lungen-Enzian Ⓢ

Gentiana pneumonanthe
(Enziangewächse)
Bis 40 cm hohe Pflanze mit beblättertem Stengel. Blätter schmal lanzettlich, am Rand oft nach unten umgerollt, meist 1nervig. Blüten wenige, kurz gestielt, in den Achseln der obersten Blätter; Krone bis 5 cm lang, schmal glockenförmig, blau, innen mit 5 grün punktierten Streifen, 5lappig mit kurzen Zipfeln; Kelch mit 5 schmal lanzettlichen Kelchzipfeln.
Blütezeit: VI–IX. Standort: Flachmoore, Streuwiesen, feuchte Heiden. Verbreitung: Fast ganz Europa; nirgends häufig; Kaukasus, Sibirien.

3 Frühlings-Enzian Ⓢ

Gentiana verna
(Enziangewächse)
Bis 15 cm hohe Pflanze mit sehr kurzen Blütenstengeln. Grundblätter breit lanzettlich, spitz, bis 3 cm lang, viel größer als die wenigen Stengelblätter, am Rand meist papillös. Kelch an den Kanten schmal geflügelt; Krone tiefblau, mit ziemlich breiter Röhre und ausgebreiteten Kronzipfeln.
Blütezeit: III–VIII. Standort: Felsschutt, Trockenrasen, Flachmoore; auf Kalk. Verbreitung: Gebirge Mittel- und Südeuropas, auch im Alpenvorland; sonst selten.

4 Gefranster Enzian Ⓢ

Gentiana ciliata
(Enziangewächse)
Bis 30 cm hohe, kahle Pflanze mit aufrechtem, gelegentlich spärlich verzweigtem Stengel. Grundblätter spatelförmig, stumpf; Stengelblätter lanzettlich, spitz. Blüten bis 5 cm lang mit blauer, bis zur Mitte gespaltener, im Schlund bärtiger 4zipfeliger Krone; Kronblätter eiförmig, am Rand lang gefranst; Kelch bis halb so lang wie die Kronröhre, mit schmalen Kelchblättern.
Blütezeit: VIII–IX. Standort: Trockenrasen, Weiden, Gebüsche, Waldwiesen; auf Kalk. Verbreitung: Fast ganz Europa; Kaukasus, Kleinasien.

1|2

3

4

1 Stengelloser Enzian Ⓢ

Gentiana clusii
(Enziangewächse)
Bis 10 cm hohe Pflanze mit unverzeigtem, zur Blütezeit sehr kurzem Stengel. Grundblätter lanzettlich, spitz, 3–5 cm lang, 3- bis 5mal so lang wie breit; Stengelblätter viel kleiner. Blüten einzeln; Krone blau, 5–6 cm lang, schmal glockenförmig, innen ohne grüne Flekken oder Streifen, kurz 5lappig; Kronzipfel 3eckig, ausgebreitet, dazwischen je 1 breiter, stumpfer Zahn; Kelchzipfel aufrecht, 3eckig, an der Basis am breitesten, 2½- bis 3½mal so lang wie breit, am Rand von Papillen rauh, Buchten zwischen den Kelchzipfeln spitz, ohne oder mit kaum sichtbarer Verbindungshaut; Narbe trichterförmig, gefranst.
Blütezeit: V–VIII. Standort: Felsschutt, Felshänge, Rasen, Weiden, Flachmoore; auf Kalk. Verbreitung: Hauptsächlich in den Kalk-Außenketten der Alpen; in den Alpentälern und am Alpenrand oft sehr tief herabsteigend; Schwarzwald.

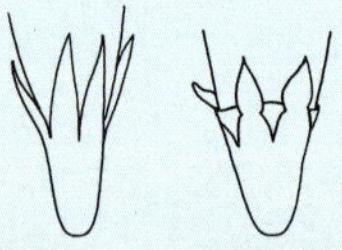

G. clusii G. acaulis
Kelche

Ähnliche Art: **Breitblättriger Enzian,** *G. acaulis* (Grundblätter lanzettlich bis elliptisch, bis 10 cm lang, Kelchzipfel zur Basis hin verschmälert, in den Buchten dazwischen mit weißer Verbindungshaut, Krone im Schlund deutlich grün gefleckt), Alpen, Pyrenäen, Karpaten, nur auf kalkfreien Böden.

2 Kreuz-Enzian Ⓢ

Gentiana cruciata
(Enziangewächse)
Bis 50 cm hohe, kahle Pflanze mit mehreren Stengeln aus den Achseln einer grundständigen Blattrosette. Blätter länglich lanzettlich, bis 10 cm lang, meist 3nervig, lederig derb, kreuzweise übereinander angeordnet (kreuzgegenständig). Blüten fast ungestielt, zu mehreren am Ende des Stengels und in den Achseln der oberen Stengelblätter; Krone fast zylindrisch, außen bläulich bis grünblau, innen leuchtend blau, zwischen den 4 Kronzipfeln mit je einem oder mehreren kleinen Zähnen; Kelch eng glockenförmig mit 4 kurzen, schmal lanzettlichen Zipfeln.
Blütezeit: VII–X. Standort: Trockene Wiesen, Felshänge, sonnige Waldränder, Wegränder; auf Kalk. Verbreitung: Fast ganz Europa; fehlt gebietsweise, so im nordwestdeutschen Flachland; von Spanien bis Westsibirien; Kleinasien, Turkestan.

1

2

1 Kleines Immergrün

Vinca minor
(Hundsgiftgewächse)
Bis 20 cm hohe, kahle Pflanze. Nichtblühende Triebe niederliegend, an den Knoten meist Wurzeln treibend, blühende Triebe aufrecht. Blätter kreuzgegenständig, lanzettlich, sitzend, immergrün. Blüten gestielt, einzeln in den Blattachseln; Krone 2–3 cm breit, hellblau, mit kurzer Röhre und breiten, flach ausgebreiteten Zipfeln.
Blütezeit: IV–V. Standort: Laubwälder, Gebüsche; auf Kalk. Verbreitung: Fast ganz Europa; nach Norden zu seltener; Kaukasus, Kleinasien.

2 Natternkopf

Echium vulgare
(Rauhblattgewächse)
Bis 1 m hohe, dicht mit stechenden Haaren bedeckte Pflanze. Blätter lineal lanzettlich, die grundständigen bis 35 cm lang. Blütenstand lang, aufgelockert walzenförmig; Blüten zahlreich; Krone zygomorph, anfangs rötlich, später blau, etwa 2 cm lang, behaart; Kelch fast bis zum Grund geteilt.
Blütezeit: V–X. Standort: Ödflächen, lückige Trockenrasen, Wegränder, Dämme. Verbreitung: Fast ganz Europa; Amerika.

3 Wald-Vergißmeinnicht

Myosotis sylvatica
(Rauhblattgewächse)
Bis 40 cm hohe, behaarte Pflanze mit beblättertem Stengel. Blätter ganzrandig, elliptisch bis lanzettlich. Krone blau, mindestens 5 mm breit; Kronzipfel flach ausgebreitet; Kelch nach dem Verblühen bis 5 mm lang, mit abstehenden Hakenhaaren.
Blütezeit: V–VII. Standort: Wiesen, Hochstaudenfluren, lichte Laubwälder. Verbreitung: Europa, ostwärts bis Rußland, südwärts bis zum Apennin und zur Balkanhalbinsel.
Ähnliche Art: **Sumpf-Vergißmeinnicht,** *M. scorpioides* (Kelch anliegend behaart), an feuchten Stellen.

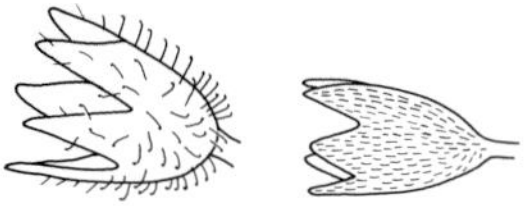

Kelche

4 Dunkles Lungenkraut

Pulmonaria obscura
(Rauhblattgewächse)
Bis 35 cm hohe, rauh behaarte Pflanze. Grundblätter eiförmig, plötzlich in den Stiel verschmälert, oberseits ohne Flekken; Stengelblätter elliptisch, sitzend. Blüten kurz gestielt; Kelch glockenförmig, Krone oben trichterförmig mit 5 runden Zipfeln, zuerst rot, dann blauviolett.
Blütezeit: III–V. Standort: Laubmischwälder, Gebüsche. Verbreitung: Große Gebiete Europas.
Ähnliche Art: **Echtes Lungenkraut,** *P. officinalis* (Blätter deutlich weißfleckig).

1

2|3

4

1 Wiesen-Salbei

Salvia pratensis
(Lippenblütler)
Bis 1 m hohe, kurz behaarte, drüsige Pflanze. Stengel 4kantig. Grundblätter in Rosetten, länglich, lang gestielt, unregelmäßig gekerbt oder gezähnt; Stengelblätter wenig zahlreich, nach oben rasch kleiner, sitzend. Blütenstand locker; Blüten in entfernten, armblütigen Scheinquirlen; Krone bis 3 cm lang, blauviolett, sichelförmig gebogen, viel länger als der Kelch.
Blütezeit: V–VIII. Standort: Trockene Rasen, Mähwiesen, Wegränder. Verbreitung: Süd- und Mitteleuropa, nordwärts bis Norddeutschland und England; Kleinasien, Kaukasus, Nordafrika, Nordamerika.
Ähnliche Arten: **Hain-Salbei,** *S. nemorosa* (Grundblätter zur Blütezeit vertrocknet, Stengelblätter zahlreich, gleichmäßig gezähnt, Krone bis 15 mm lang, wenig gebogen), in Europa sehr zerstreut. – **Quirl-Salbei,** *S. verticillata* (Scheinquirle 15- bis 30blütig, fast kugelig, Krone fast gerade, etwa 1 cm lang), vor allem an Ödplätzen und Wegrändern.

2 Sumpf-Helmkraut

Scutellaria galericulata
(Lippenblütler)
Bis 60 cm hohe Pflanze mit 4kantigem, an den Kanten zerstreut behaartem Stengel. Blätter kurz gestielt, eiförmig bis lanzettlich, am Grund herzförmig, am Rand gezähnt. Blüten kurz gestielt, in wenigen Paaren in den Achseln der obersten Blätter; Krone 1–1,7 cm lang, blau; Unterlippe mit weißem Fleck; Kelch kurz behaart, auf der Oberseite mit einer rundlichen Schuppe.
Blütezeit: VI–IX. Standort: Röhricht, Großseggenbestände, nasse Wiesen, Ufer, Sumpfwälder. Verbreitung: Europa; Asien, Nordamerika.
Ähnliche Art: **Kleines Helmkraut,** *S. minor* (Blätter ganzrandig, Blüten 5–8 mm lang).

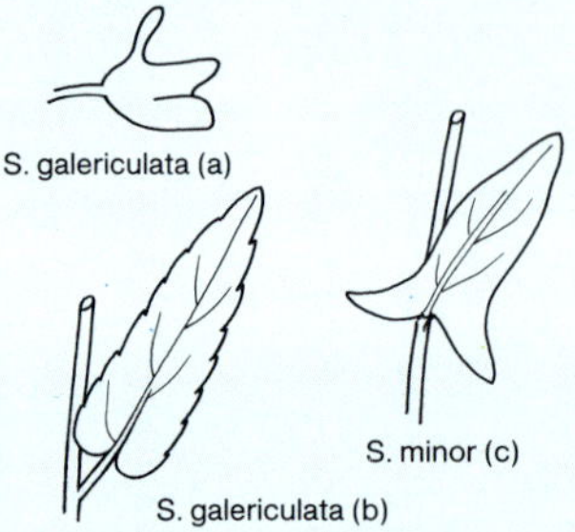

Kelch (a) und Blätter (b, c)

3 Gemeine Braunelle

Prunella vulgaris
(Lippenblütler)
Bis 40 cm hohe, spärlich behaarte Pflanze mit oberirdischen Ausläufern. Blätter gestielt, eiförmig; Grundblätter in Rosetten; das oberste Stengelblattpaar dicht unter dem Blütenstand. Blüten blauviolett, am Ende des Stengels dicht gedrängt, bis 18 mm lang.
Blütezeit: VI–IX. Standort: Wiesen, Weiden, Parkrasen, lichte Wälder. Verbreitung: Europa; fast weltweit verschleppt.
Ähnliche Art: **Große Braunelle,** *P. grandiflora* (Krone 2–3 cm lang, oberstes Stengelblattpaar vom Blütenstand entfernt, ohne Ausläufer), in trockenen Rasengesellschaften.

1|2

3

1 Gundermann

Glechoma hederacea
(Lippenblütler)
Bis 20 cm hohe Pflanze mit kriechendem, an den Knoten wurzelndem Stengel. Blühende Triebe aufrecht. Blätter gestielt, rundlich, mit gekerbtem Rand. Blüten paarweise oder zu 3 in den Blattachseln; Krone 1–2 cm lang; Kelch kurzhaarig, bis 7 mm lang.
Blütezeit: IV–VII. Standort: Laubwälder, Gebüsche, Waldränder, Wiesen. Verbreitung: Fast ganz Europa; Kaukasus, Sibirien.

2 Kriechender Günsel

Ajuga reptans
(Lippenblütler)
Bis 30 cm hohe Pflanze mit grundständiger Blattrosette und beblätterten oberirdischen Ausläufern. Grundblätter gestielt, fast ganzrandig; Stengelblätter kleiner, sitzend. Blüten in Scheinquirlen in den Achseln der Stengelblätter; Krone 1–1,5 cm lang.
Blütezeit: V–IX. Standort: Wiesen, Hochstaudenfluren, Laubwälder, Gebüsche. Verbreitung: Fast ganz Europa; Kaukasus, Kleinasien.
Ähnliche Art: **Heide-Günsel,** *A. genevensis* (ohne Ausläufer, Blätter deutlich gezähnt), an trockenen Stellen in wärmeren Lagen.

3 Bachbungen-Ehrenpreis

Veronica beccabunga
(Braunwurzgewächse)
Bis 60 cm hohe, kahle Pflanze. Stengel rund, an den Knoten oft wurzelnd. Blätter kurz gestielt, eiförmig, stumpf, unregelmäßig gezähnt. Blüten in gegenständigen Trauben in den Achseln der oberen Stengelblätter; Krone ausgebreitet, 4lappig, 5–8 mm breit; 2 Staubblätter. Frucht fast kugelig, 3–4 mm breit.
Blütezeit: V–X. Standort: Bachufer, Gräben, Quellfluren. Verbreitung: Europa; Nordasien, Nordafrika.
Ähnliche Art: **Gauchheil-Ehrenpreis,** *V. anagallis-aquatica* (Blätter sitzend, zugespitzt, Krone rosablau).

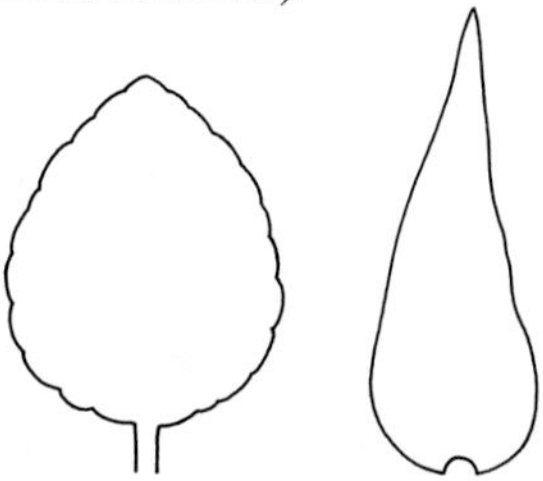

V. beccabunga V. anagallis-aquatica
Blattumrisse

4 Gamander-Ehrenpreis

Veronica chamaedrys
(Braunwurzgewächse)
Bis 40 cm hohe Pflanze. Stengel 2reihig behaart, am Ende mit einem Blattschopf. Blätter eiförmig, grob gezähnt. Blüten in lockeren Trauben in den Achseln der oberen Stengelblätter; Krone ausgebreitet, 4lappig, bis 15 mm breit; 2 Staubblätter; Kelch 4teilig.
Blütezeit: V–VIII. Standort: Wiesen, Gebüsche, Waldränder, Hochstaudenfluren. Verbreitung: Fast ganz Europa; Nord- und Westasien.

1

2|3

4

1 Langblättriger Ehrenpreis

Veronica longifolia
(Braunwurzgewächse)
Bis 1 m hohe Pflanze. Blätter deutlich gestielt, bis 12 cm lang, bis 3 cm breit, scharf und spitz gezähnt, oft zu 3 bis 4 in Quirlen. Blüten in dichten, vielblütigen Trauben am Ende von Stengel und Seitenzweigen; Kelch 4teilig, behaart; Krone blau, tief 4lappig; Kronröhre länger als breit; 2 Staubfäden. Blütezeit: VII–VIII. Standort: Sumpfwiesen, Auwälder, bachbegleitende Hochstaudenfluren. Verbreitung: Europa von Belgien und Rheintal ostwärts; Westasien.
Ähnliche Art: **Ähriger Ehrenpreis,** *V. spicata* (Blätter gegenständig, stumpf gezähnt, Blütenstand meist unverzweigt), an Felshängen und in Trockenrasen.

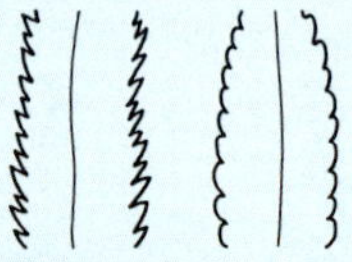

V. longifolia V. spicata

Blattränder

2 Gemeines Fettkraut Ⓢ

Pinguicula vulgaris
(Wasserschlauchgewächse)
Bis 15 cm hohe Pflanze. Blätter gelbgrün, elliptisch, stumpf, am Rand eingerollt, drüsig (Insektenfalle), in grundständiger Rosette. Blüten einzeln, lang gestielt; Krone mit Sporn 1,5–2,5 cm lang, violett; Unterlippe weiß gefleckt.
Blütezeit: V–VII. Standort: Flachmoore, Bachränder, Quellfluren. Verbreitung: Europa; Sibirien, Kaukasus, Nordafrika, Nordamerika.
Ähnliche Art: **Alpen-Fettkraut,** *P. alpina* (Krone weiß mit gelben Flecken auf der Unterlippe), vorwiegend in höheren Lagen.

3 Echte Kugelblume Ⓢ

Globularia punctata
(Kugelblumengewächse)
Bis 30 cm hohe Pflanze mit aufrechtem, 1köpfigem Stengel. Grundblätter eiförmig, in einer Rosette; Stengelblätter zahlreich, klein. Blütenköpfe 1–2 cm breit; Krone blauviolett; Oberlippe mit 2, Unterlippe mit 3 bandförmigen Zipfeln; Kelch mit lanzettlichen Zipfeln.
Blütezeit: V–VI. Standort: Trockenrasen, Felshänge; auf Kalk. Verbreitung: Südliches Mitteleuropa (Nordgrenze Belgien-Thüringen), Mittelmeergebiet; Kaukasus.

4 Teufelsabbiß

Succisa pratensis
(Kardengewächse)
Bis 80 cm hohe Pflanze mit anliegend behaartem Stengel. Grundblätter gestielt, breit lanzettlich; Stengelblätter sitzend. Blütenköpfe etwa 2 cm breit, kugelig; Hüllblätter lanzettlich; Außenkelch mit 4 deutlichen Zähnen; Kelch mit 4 bis 5 schwarzen, 1 mm langen Borsten; Krone blauviolett.

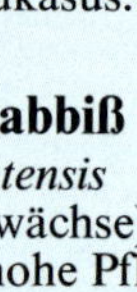

S. pratensis

Fruchtkelch

Blütezeit: VII–IX. Standort: Flachmoore, Streuwiesen, Magerrasen. Verbreitung: Europa; Westsibirien, Nordwestafrika.

1|2

3

4

1 Rundblättrige Glockenblume

Campanula rotundifolia
(Glockenblumengewächse)
Bis 50 cm hohe Pflanze. Grundblätter rundlich nierenförmig, gestielt, zur Blütezeit meist vertrocknet; Stengelblätter linealisch. Stengel im unteren Teil fein kurzflaumig behaart. Blütenknospen aufrecht; Blütenkrone glockig.
Blütezeit: VI–IX. Standort: Wiesen, Trockenrasen, Felsen. Verbreitung: Fast ganz Europa, fehlt im mediterranen Süden.

C. rotundifolia
Grundblätter

Ähnliche Arten: **Kleine Glokkenblume,** *C. cochleariifolia* (bis 15 cm hoch, breitere, gezähnte Blätter und nickende Blütenknospen), in den Voralpen. – **Lanzettblättrige Glockenblume,** *C. baumgartenii* (bis 1 m hoch, zottig behaarter Stengel und breitere Blätter), im Taunus und in der Pfalz.

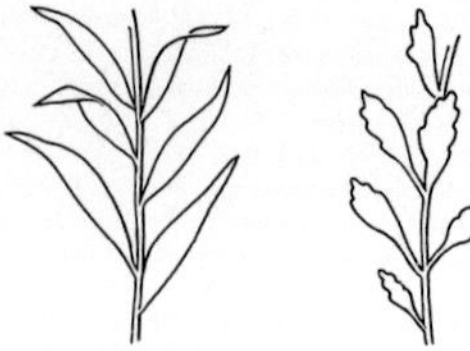
C. cochleariifolia C. baumgartenii
Untere Stengelblätter

2 Wiesen-Glockenblume

Campanula patula
(Glockenblumengewächse)
Bis 70 cm hohe Pflanze. Stengel aufrecht, oben verzweigt. Grundblätter verkehrt eiförmig, in den Stiel verschmälert; Stengelblätter schmal lanzettlich, sitzend. Blüten in lockerer Doldentraube, etwas nickend; Krone trichterförmig, bis zur Mitte gespalten; Kelchzipfel kürzer als die Kronröhre.
Blütezeit: VI–VIII. Standort: Wiesen, Wegränder, Gebüsche. Verbreitung: Fast ganz Europa, in Nordwestdeutschland selten.
Ähnliche Art: **Rapunzel-Glokkenblume,** *C. rapunculus,* unterscheidet sich durch aufrechte, weniger tief zerteilte Blütenkrone und Kelchblätter, die etwa so lang sind wie die Kronröhre; Standort und Verbreitung wie bei der Wiesen-Glokkenblume.

3 Knäuel-Glockenblume

Campanula glomerata
(Glockenblumengewächse)
Bis 50 cm hohe, weich behaarte Pflanze. Grundblätter und untere Stengelblätter länglich, am Grund herzförmig oder gerundet, gestielt; obere Stengelblätter sitzend, kleiner. Blüten in dichtem Knäuel am Stengelende oder in mehreren Büscheln an der oberen Stengelhälfte; Krone bis 4 cm lang, blauviolett.
Blütezeit: VI–IX. Standort: Trockene Mähwiesen, Trokkenrasen, Waldränder. Verbreitung: Fast ganz Europa.
Ähnliche Art: **Borstige Glokkenblume,** *C. cervicaria* (in den Blattstiel verschmälerte untere Blätter, diese wie auch der Stengel mit steifen Borsten), auf feuchten Wiesen, in Europa und Asien; fast überall inzwischen sehr selten, bei uns vom Aussterben bedroht.

1

2|3

1 Pfirsichblättrige Glockenblume

Campanula persicifolia
(Glockenblumengewächse)
Bis 1 m hohe, meist kahle Pflanze. Grundblätter breit lanzettlich, die oberen schmäler. Blüten in lockerer Traube; Krone breit glockenförmig, bis 4 cm lang.
Blütezeit: VI–IX. Standort: Lichte, warme Wälder, Gebüsche, Waldsäume. Verbreitung: Europa.

2 Nesselblättrige Glockenblume

Campanula trachelium
(Glockenblumengewächse)
Bis 1 m hohe, steif behaarte Pflanze mit kantigem Stengel. Untere Blätter herzförmig, lang gestielt, grob doppelt gezähnt; Stengelblätter lanzettlich, sitzend. Blüten kurz gestielt; Krone schmal glockenförmig, 3–4 cm lang, am Rand behaart; Kelchzipfel breit lanzettlich; Fruchtknoten steif behaart.
Blütezeit: VII–IX. Standort: Lichte Laubwälder, Gebüsche, Hochstaudenfluren. Verbreitung: Europa; Nordafrika, Kleinasien, Kaukasus.
Ähnliche Art: **Acker-Glockenblume,** *C. rapunculoides* (Kelchzipfel schmal lanzettlich, zurückgebogen), an trockeneren Stellen in wärmeren Lagen.

3 Gewöhnlicher Frauenspiegel

Legousia speculum-veneris
(Glockenblumengewächse)
Bis 40 cm hohe Pflanze mit verzweigtem Stengel. Blätter lanzettlich, stumpf gezähnt, die unteren gestielt, die oberen sitzend. Krone bis 2,5 cm breit, ausgebreitet, violett, mit breiten Zipfeln; Kelchzipfel schmal lanzettlich.
Blütezeit: VI–VIII. Standort: Getreidefelder, Ödstellen, Weinberge. Verbreitung: Fast ganz Europa; nach Norden zu seltener; Nordafrika, Südwestasien.

4 Berg-Sandglöckchen

Jasione montana
(Glockenblumengewächse)
Bis 80 cm hohe Pflanze ohne Ausläufer. Stengel im unteren Teil beblättert. Blätter länglich, mit gewelltem Rand. Blüten in 2–3 cm breiten endständigen Köpfen; Krone bis 15 mm lang, bis zum Grund in 5 bandförmige Abschnitte geteilt.
Blütezeit: VI–VIII. Standort: Trockenrasen, trockene Kiefernwälder, Felshänge. Verbreitung: Fast ganz Europa.

5 Kopfige Teufelskralle

Phyteuma orbiculare
(Glockenblumengewächse)
Bis 40 cm hohe Pflanze. Grundblätter gestielt, mit herzförmigem Grund oder abgerundet, gezähnt; Stengelblätter schmäler, die oberen sitzend. Blüten in einem endständigen, kugeligen, vielblütigen Kopf; Kronröhren vor dem Aufblühen gegen die Spitze des Kopfes gebogen, 1–1,5 cm lang; Kronzipfel bandförmig, anfangs an Spitze und Grund, später nur noch am Grund miteinander verwachsen.
Blütezeit: V–VIII. Standort: Trockene Rasen, lichte Wälder; auf Kalk. Verbreitung: Mitteleuropa.

1|2

3

4|5

1 Berg-Aster

Aster amellus
(Korbblütler)
Bis 80 cm hohe, behaarte Pflanze. Grundblätter breit lanzettlich, gestielt; obere Stengelblätter länglich, sitzend. Blütenköpfe 2–3 cm breit; Hülle 6–8 mm lang; Zungenblüten blauviolett; Röhrenblüten gelb. Früchte mit Pappus.
Blütezeit: VIII–X. Standort: Trockenrasen, Gebüsche, lichte Wälder; auf Kalk. Verbreitung: Fast ganz Europa.

2 Kornblume

Centaurea cyanus
(Korbblütler)
Bis 80 cm hohe, filzig behaarte Pflanze. Blätter schmal lanzettlich, die untersten gelegentlich fiederteilig. Blütenköpfe einzeln; Hülle eiförmig; Hüllblätter grün mit schwarzem, 3eckigem Anhängsel; Kronen am Rand der Köpfe vergrößert.
Blütezeit: VI–X. Standort: Getreidefelder, Ödplätze. Verbreitung: Europa; wird immer seltener.

3 Berg-Flockenblume

Centaurea montana
(Korbblütler)

C. montana

Hüllschuppe

Bis 80 cm hohe Pflanze mit spinnwebig behaartem, geflügeltem Stengel. Blätter eiförmig bis lanzettlich, die unteren gelegentlich etwas gelappt. Blütenköpfe bis 5 cm breit; Hüllblätter mit schwarzbraunem, zerschlitztem Rand; innere Blüten asymmetrisch röhrenförmig, violett; äußere Blüten vergrößert, blau.
Blütezeit: V–VIII. Standort: Wiesen, Gebüsche, Wälder; auf Kalk. Verbreitung: Gebirgslagen Europas.

4 Blauer Lattich

Lactuca perennis
(Zungenblütler)
Bis 60 cm hohe, kahle Pflanze. Blätter blaugrün, tief zerteilt; Stengelblätter mit 2 runden Zipfeln den Stengel umfassend. Kronen alle zungenförmig. Früchte 1–1,5 cm lang, schwarz, rauh, mit hellem Schnabel; Hülle zylindrisch.
Blütezeit: V–VII. Standort: Felshänge, Mauern, Wegränder. Verbreitung: Europa von Belgien, Mitteldeutschland und den Karpaten nach Süden.

5 Wegwarte

Cichorium intybus
(Zungenblütler)
Bis 1,5 m hohe Pflanze mit sparrig verzweigtem Stengel. Grundblätter lanzettlich, meist stark zerteilt; Stengelblätter klein. Blütenköpfe 3–5 cm breit; Kronen alle zungenförmig; Hülle walzenförmig; äußere Hüllblätter kurz, abstehend, innere aufrecht. Früchte mit kurzem Pappus.
Blütezeit: VII–X. Standort: Weg- und Ackerränder, Ödflächen, Weiden. Verbreitung: Fast ganz Europa.

1|2

3|4

5

1 Kelch-Simsenlilie

Tofieldia calyculata
(Liliengewächse)
Bis 40 cm hohe Pflanze. Blätter grasartig, bis 5 mm breit, mit einer Schmalseite zum Stengel zeigend, allmählich zugespitzt, am Stengel nach oben rasch kleiner. Blüten gelbgrün bis weißlich, kurz gestielt, in den Achseln lanzettlicher Tragblätter, am Grund von einem undeutlich 3lappigen Vorblatt umgeben; Perigonblätter 6, 3–3,5 mm lang, lanzettlich. Frucht eine breit eiförmige Kapsel.
Blütezeit: VI–X. Standort: Flachmoore, Halbtrockenrasen, in höheren Lagen auch Wiesen, lichte Wälder, Gebüsche; auf Kalk. Verbreitung: Große Gebiete Europas.

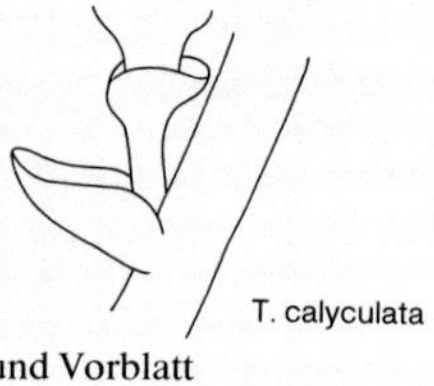

Trag- und Vorblatt

2 Wald-Goldstern

Gagea lutea
(Liliengewächse)
Bis 30 cm hohe Pflanze mit 1- bis 6blütigem Stengel. 1 Grundblatt, 5–15 mm breit, flach, kurz zugespitzt; unterstes Stengelblatt überragt den Blütenstand nicht. Blütenstiele kahl; Blüten gelb, mit 6 ausgebreitet abstehenden, stumpfen Perigonblättern; 6 Staubblätter; Fruchtknoten oberständig.
Blütezeit: IV–V. Standort: Laubwälder, Obstgärten, Gebüsche. Verbreitung: Fast ganz Europa; ostwärts bis zum Himalaja und Japan, Kaukasus.
Ähnliche Art: **Wiesen-Goldstern,** *G. pratensis* (Grundblatt 2–6 mm breit, allmählich zugespitzt, unterstes Stengelblatt länger als der Blütenstand), in Wiesen, Äckern, Weinbergen. – Weitere Arten mit abweichenden Blattzahlen, Blüten- und Blattformen.

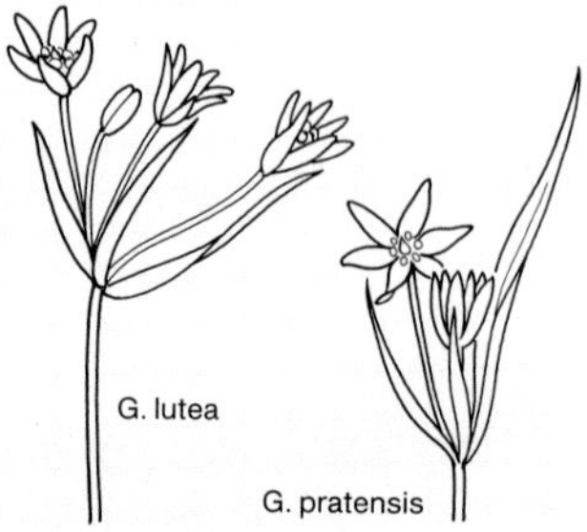

Blütenstände

3 Beinbrech Ⓢ

Narthecium ossifragum
(Liliengewächse)
Bis 30 cm hohe, kahle Pflanze mit aufrechtem Stengel. Blätter 2zeilig angeordnet, schwertförmig, linealisch, nach oben rasch kleiner, zuletzt den Tragblättern der Blüten ähnlich. Blütenstand in lockerer Traube; Blüten ziemlich lang gestielt; Perigonblätter 6, außen grün, innen gelb, schmal lanzettlich, bleibend, später zusammengefaltet; Staubfäden dicht wollig behaart; Staubbeutel ziegelrot; Fruchtknoten oberständig. Frucht eine schlanke, zugespitzte Kapsel.
Blütezeit: VII–VIII. Standort: Heidemoore; auf kalkfreien Böden. Verbreitung: Westeuropa, von Spanien bis Großbritannien und Skandinavien, in Deutschland vor allem im Nordwesten.

1|2

3

1 Gelbe Narzisse Ⓢ

Osterglocke
Narcissus pseudonarcissus
(Amaryllisgewächse)
Bis 40 cm hohe, kahle, oft blaugrüne Pflanze. Blätter alle grundständig, grasartig, bis 15 mm breit, fleischig. Blüten duftend, in der Regel einzeln auf einem Schaft mit häutigem Hochblatt, mit 0,5–1,5 cm langer, gelblichgrüner Perigonröhre aus den im unteren Teil verwachsenen 6 Perigonblättern, deren freie Teile ausgebreitet und hellgelb gefärbt sind; dazu eine lange, dunkelgelbe Nebenkrone mit gewelltem Rand (»Trompete«). Blüten 5–10 cm breit; 6 Staubblätter; Fruchtknoten unterständig (Unterschied zu den Liliengewächsen); 1 Griffel mit 3 Narben. Frucht eine 3fächerige Kapsel. Blütezeit: III–IV. Standort: Wiesen, Zwergstrauchbestände; auf sauren (kalkarmen), humusreichen, nährstoffarmen Böden. Verbreitung: Von Spanien bis England, bis zu den Vogesen, ins Bodenseegebiet und bis ins Gebiet von Venedig; oft angepflanzt und verwildert (auch Gartensorten).

2 Sumpf-Schwertlilie Ⓢ

Gelbe Schwertlilie
Iris pseudacorus
(Schwertliliengewächse)
Bis über 1 m hohe, kahle Pflanze. Blätter 2zeilig angeordnet, schwertförmig, bis 3 cm breit, kürzer als der Stengel. Stengel rund, mit mehreren, jeweils von einem Hochblatt umschlossenen Blüten. Blüten gelb; die 3 äußeren Perigonblätter 5–10 cm lang, ohne abstehende Haare, die 3 inneren nicht länger als die Narben; 3 Staubblätter (Unterschied zu den Lilien- und Amaryllisgewächsen); Fruchtknoten unterständig (Unterschied zu den Liliengewächsen); 1 Griffel mit 3 kronblattähnlichen, 2lippigen Narben. Frucht eine 3fächerige Kapsel. Blütezeit: VI–IX. Standort: Ufer, Gräben, Röhricht; auf nährstoffreichen, schlammigen, dauernd oder zeitweise überfluteten Böden. Verbreitung: Fast ganz Europa; Asien, Nordwestafrika.

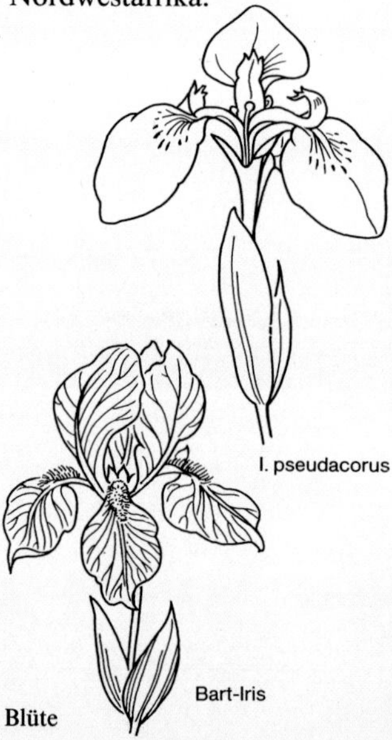

I. pseudacorus

Bart-Iris

Blüte

Hinweis: Bei allen anderen heimischen Schwertlilien-Arten sind die inneren Perigonblätter erheblich länger als die Narben. Dies gilt sowohl für alle blau blühenden Arten wie auch für die sehr seltene gelb blühende **Gescheckte Schwertlilie** *(I. variegata),* deren äußere Perigonblätter auf der Oberseite einen Streifen abstehender Haare und braune Nerven haben (Bart-Iris).

1

2

1 Frauenschuh Ⓢ ▽

Cypripedium calceolus
(Orchideengewächse)
Bis 70 cm hohe, oft mehrstengelige Pflanze. Stengel kurz behaart mit 3 bis 5 breit elliptischen, stengelumfassenden, gefalteten Blättern. Blüten einzeln oder bis zu 5; 2 äußere und 2 innere, etwas gedrehte Perigonblätter, rotbraun; Lippe (»Schuh«) 3–4 cm lang, vorn abgerundet, bauchig aufgeblasen, gelb, innen mit rötlichen Punkten und Streifen.
Blütezeit: V–VII. Standort: Lichte Wälder, Gebüsche, Latschenbestände; auf Kalk. Verbreitung: Mittel- und Nordeuropa; weit verbreitet, aber sehr zerstreut und gebietsweise äußerst selten; von Lappland bis Norditalien, von den Pyrenäen bis Nordostasien.

2 Osterluzei

Aristolochia clematitis
(Osterluzeigewächse)
Bis 1 m hohe Pflanze mit aufrechtem, unverzweigtem Stengel. Blätter tief herzförmig, etwa so lang wie breit, stumpf, mit strahlenförmig vom Blattstiel aus verlaufenden Hauptnerven. Blüten in Büscheln in den Blattachseln, zur Blütezeit aufrecht; Perigon zygomorph, 3–5 cm lang, gelb, am Grund bauchig erweitert, nach oben hin röhrenförmig, oben in eine Lippe ausgezogen. Frucht eine hängende, birnenförmige Kapsel.
Blütezeit: V–VI. Standort: Weinberge, Gebüsche, Mauern, lichte Wälder; auf Kalk. Verbreitung: Mitteleuropa; in Weingebieten verwildert und eingebürgert; Mittelmeergebiet; Kleinasien, Kaukasus.

3 Gelbe Teichrose Ⓢ

Nuphar luteum
(Seerosengewächse)
Wasserpflanze mit breit eiförmigen, bis 30 cm langen, ganzrandigen Schwimmblättern mit welligem Rand; Blattstiel je nach Wassertiefe bis 2 m lang. Blattnerven bis zum Rand hin 3mal gabelig verzweigt, ohne Querverbindungen. Blüten 3–5 cm breit, äußere Perigonblätter meist 5, rundlich, innen gelb oder orange, außen oft grün; Honigblätter bis halb so lang wie die Perigonblätter, spatelförmig, gelb, bis über 20; Staubblätter sehr zahlreich; Fruchtknoten oberständig, mit schildförmiger Narbenscheibe, die 15 bis 20 radiäre, braune Streifen trägt. Frucht birnenförmig, 2–4 cm lang.
Blütezeit: VI–VIII. Standort: Bis 3 m tiefe, nährstoffreiche, stehende oder langsam fließende Gewässer mit schlammigem Grund. Verbreitung: Europa; ostwärts bis zum Baikalsee, südwärts bis Nordafrika; Kleinasien und Kaukasus.

N. luteum

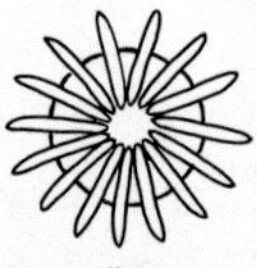
N. pumilum

Narbenscheiben

Ähnliche Art: **Kleine Teichrose,** *N. pumilum* (Blüten kleiner, Blätter bis 10 cm lang, Narbe am Rand fein gezähnt, mit 8 bis 10 radiären, braunen Streifen), in Mitteleuropa selten.

1|2

3

1 Sumpf-Dotterblume

Caltha palustris
(Hahnenfußgewächse)
Bis 50 cm hohe, kahle Pflanze. Grundblätter lang gestielt, breit herzförmig, stumpf, gekerbt oder gezähnt, glänzend; Stengelblätter nach oben kleiner, ähnlich, aber sitzend. Blüten bis 5 cm breit, dottergelb, glänzend. Früchte bis 2,5 cm lang, sternförmig ausgebreitet.
Blütezeit: III–IV. Standort: Bachufer, nasse Wiesen, Auwälder. Verbreitung: Europa; nördliches Asien, Amerika.

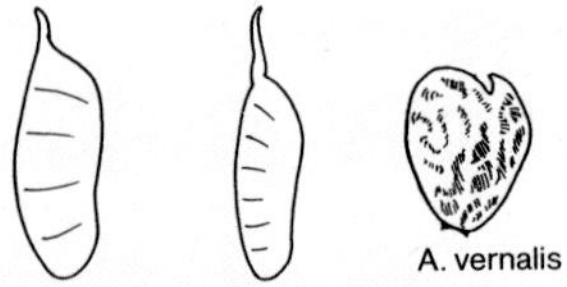

Früchtchen

2 Trollblume Ⓢ

Trollius europaeus
(Hahnenfußgewächse)
Bis 70 cm hohe Pflanze. Grundblätter gestielt, handförmig geteilt, mit gesägten Lappen; Stengelblätter sitzend, 3zählig. Blüten hell- bis goldgelb, bis 3 cm breit, mit kugelig zusammenneigenden Blütenblättern. Früchte bis 1,5 cm lang, geschnäbelt.
Blütezeit: IV–VII. Standort: Feuchte Wiesen, Gebüsche, Hochstaudenfluren. Verbreitung: Fast ganz Europa, im Süden nur in den Gebirgen, fehlt im nordwestdeutschen Flachland; Asien, Nordamerika.

3 Frühlings-Teufelsauge

Frühlings-Adonisröschen Ⓢ
Adonis vernalis
(Hahnenfußgewächse)
Bis 50 cm hohe Pflanze. Blätter alle stengelständig, mehrfach gefiedert mit linealischen Zipfeln. Stengel 1blütig. Blüten bis 7 cm breit; äußere Blütenblätter breit eiförmig, behaart; die 10 bis 20 inneren (Honigblätter) schmal eiförmig, ganzrandig oder gezähnelt, hell- bis goldgelb. Früchte (Nüßchen) bis 5 mm, netznervig, behaart, mit hakenförmigem Schnabel.
Blütezeit: IV–V. Standort: Heidewiesen, lichte Kiefernwälder; vorwiegend auf Kalk, aber auch auf Sandböden. Verbreitung: Von Spanien bis Schweden, bis nach Südosteuropa und zum Ural; in Mitteleuropa selten.

4 Gelbes Windröschen

Anemone ranunculoides
(Hahnenfußgewächse)
Bis 30 cm hohe, weitgehend kahle Pflanze. Grundblätter fehlen zur Blütezeit. 3 Stengelblätter im obersten Viertel der Pflanze, sitzend oder kurz gestielt, bis zum Grund 3teilig; Abschnitte unregelmäßig und grob eingeschnitten gezähnt. Blüten 2–3 cm breit; Blütenstiele kraus behaart; 5 bis 6 Perigonblätter, gelb, außen behaart. Früchte klein, dicht mit kurzen, geraden, borstigen Haaren besetzt.
Blütezeit: III–V. Standort: Laubmischwälder (vor allem Auwälder), Hecken; auf feuchten, humusreichen Böden. Verbreitung: Von Nordspanien bis zum Ural; in Mitteleuropa nicht überall häufig.

1

2|3

4

1 Scharbockskraut

Ranunculus ficaria
(Hahnenfußgewächse)
Bis 30 cm hohe, kahle Pflanze mit niederliegend-aufsteigendem, an den Knoten oft wurzelndem Stengel. Blätter herzförmig, wenig gezähnt bis ganzrandig, fleischig, lang gestielt; Stengelblätter in den Achseln oft mit Brutknospen. Blüten 2–3 cm breit, mit 3 bis 7 Kelchblättern und 8 bis 12 länglichen Kronblättern. Früchtchen kugelig, zerstreut behaart, 2–2,5 mm lang, mit geradem Schnabel.
Blütezeit: III–V. Standort: Laubwälder, Gebüsche, feuchte Wiesen. Verbreitung: Europa mit Ausnahme der Arktis; Nordafrika, Asien, Kaukasus.

2 Kriechender Hahnenfuß

Ranunculus repens
(Hahnenfußgewächse)
Bis 50 cm hohe Pflanze mit oberirdischen, beblätterten, Wurzeln schlagenden Ausläufern. Grundblätter 1- bis 2fach fiederteilig, ihr mittlerer Abschnitt stets lang gestielt. Blüten 2–3 cm breit; Blütenstiele gefurcht; Kelchblätter behaart, aufrecht. Früchtchen flach, 2,5–3,5 mm lang, kahl mit kurzem Schnabel.
Blütezeit: V–VIII. Standort: Wälder, Gebüsche, Wiesen, Äcker, Wegränder, Ödplätze. Verbreitung: Europa; Asien, Nordafrika; fast weltweit verschleppt.

3 Brennender Hahnenfuß

Ranunculus flammula
(Hahnenfußgewächse)
Bis 70 cm hohe, meist reich verzweigte Pflanze. Blätter ganzrandig, schmal elliptisch bis schmal lanzettlich. Blüten bis 1,5 cm breit; Blütenboden kahl. Früchtchen kugelig, um 1 mm lang, glatt, mit kurzem, geradem Schnabel.
Blütezeit: V–IX. Standort: Gräben, nasse Wiesen, Flachmoore, Quellfluren. Verbreitung: Fast ganz Europa, ostwärts bis zum Kaukasus und Ural; Asien, Nordamerika.

4 Berg-Hahnenfuß

Ranunculus montanus
(Hahnenfußgewächse)
Bis 30 cm hohe Pflanze mit behaartem Stengel. Grundblätter 3- bis 5teilig mit verkehrt eiförmigen, eingeschnitten gezähnten Abschnitten, kahl bis zerstreut behaart; Stengelblätter sitzend, handförmig 3- bis 7teilig. Blüten bis 3 cm breit; Blütenstiel ohne Furchen; Kelchblätter und Blütenboden behaart. Früchtchen rundlich, kahl, mit hakig gebogenem Schnabel.
Blütezeit: V–IX. Standort: Felsschutt, Rasen aller Art, lichte Wälder; auf Kalk. Verbreitung: Kalkgebiete der Nord- und Zentralalpen, Alpenvorland, Schwarzwald.

1|2

3

4

1 Scharfer Hahnenfuß

Ranunculus acer
(Hahnenfußgewächse)
Bis 1 m hohe, anliegend behaarte bis fast kahle Pflanze mit verzweigtem Stengel. Grundblätter bis zum Grund 5- bis 7teilig mit 3spaltigen Abschnitten, deren Zipfel sich überdekken; Stengelblätter weniger zerteilt, kürzer gestielt. Blüten bis 3 cm breit; Blütenstiele ohne Furchen; Kelchblätter aufrecht. Früchtchen rund, flach, kahl, mit kaum gebogenem Schnabel.
Blütezeit: V–IX. Standort: Wiesen aller Art, Weiden, Wegränder. Verbreitung: Europa; Asien nördlich des Himalaja, Nordafrika; fast weltweit verschleppt.

Früchtchen R. acer

2 Gelbe Wiesenraute

Thalictrum flavum
(Hahnenfußgewächse)
Bis 2 m hohe, fast kahle Pflanze mit kantigem Stengel. Untere Blätter gestielt, obere sitzend, alle 2- bis 3fach fiederteilig, an den Verzweigungen oft mit schuppenförmigen Nebenblättchen; Blättchen verkehrt eiförmig, länger als breit, keilförmig verschmälert, vorn 2- bis 4spaltig, oberseits dunkel-, unterseits hellgrün. Blütenstand verzweigt, gelb; Blüten aufrecht, duftend, mit 4 lanzettlichen, 2–4 mm langen, weißlichen Perigonblättern, die zu Beginn der Blüte abfallen; Staubblätter zahlreich, aufrecht, gelb. Früchtchen rundlich, mit abgerundeten Rippen, kahl, 1,5–2,5 mm lang, mit rotbraunem Narbenrest.
Blütezeit: VI–VIII. Standort: Feuchte Wiesen, Ufer, Gebüsche; nur im Flachland. Verbreitung: Europa; Asien.

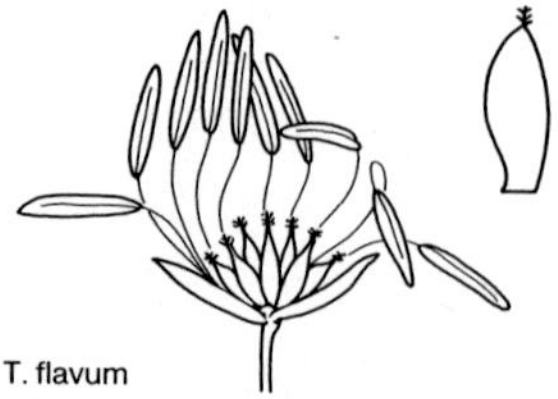

T. flavum
Blüte und Früchtchen

3 Schöllkraut

Chelidonium majus
(Mohngewächse)
Bis 1 m hohe Pflanze mit orangegelbem Milchsaft. Stengel aufrecht, verzweigt, zerstreut borstig behaart. Blätter oberseits grün, unterseits blaugrün, fiederteilig bis gefiedert, die unteren gestielt, die obersten sitzend. Blüten gelb, 2–3 cm breit; 2 Kelchblätter, zur Blütezeit abgefallen; 4 gleich gestaltete, eiförmige Kronblätter; zahlreiche Staubblätter, Staubfäden nach vorne zu keulenförmig verdickt, unterhalb der Staubbeutel in einen kurzen Stiel verschmälert; Fruchtknoten oberständig. Frucht eine 2–5 cm lange Schote.
Blütezeit: V–X. Standort: Schuttplätze, Wegränder, Mauern, Gebüsche, lichte Wälder und Parks. Verbreitung: Fast ganz Europa; Asien, Nordafrika.

1|2

3

1 Österreichische Rauke

Sisymbrium austriacum
(Kreuzblütler)
Bis 80 cm hohe, fast kahle Pflanze. Grundblätter fiederteilig, gestielt; Stengelblätter allmählich kleiner, sitzend. Blüten gestielt, ohne Tragblätter; Kelchblätter abstehend, 3,5–4,5 mm lang; Kronblätter 6–8 mm lang. Früchte ohne Schnabel, aufrecht, 3–6 cm lang, bis 1 mm dick, jede Fruchtklappe 3nervig.
Blütezeit: V–VII. Standort: Felsen, Mauern, Ödland; auf Kalk. Verbreitung: Mittel- und Südeuropa.

2 Echtes Barbarakraut

Barbarea vulgaris
(Kreuzblütler)
Bis 80 cm hohe, kahle Pflanze. Grundblätter fiederteilig, Endabschnitt rundlich, viel größer als die seitlichen; Stengelblätter ungeteilt, grob gezähnt. Blüten gestielt, ohne Tragblätter; Kelchblätter aufrecht, 2,5–3,5 mm lang; Kronblätter 5–7 mm lang. Früchte stumpf 4kantig, ohne Schnabel, 15–25 mm lang, jede Fruchtklappe mit deutlichem Mittelnerv.
Blütezeit: V–VII. Standort: Schuttplätze, Ufer, Wegränder. Verbreitung: Fast ganz Europa; Asien.

3 Wohlriechender Schöterich

Erysimum odoratum
(Kreuzblütler)
Bis 1 m hohe, dicht mit ungestielten, 3- bis 4spaltigen Haaren bedeckte Pflanze. Blätter ganzrandig bis buchtig gezähnt. Kelchblätter 6–9 mm lang; Kronblätter 12–18 mm lang. Schoten 2,5–7 cm lang, 1–1,5 mm dick, stumpf 4kantig, weiß behaart, reif mit grünen Kanten.
Blütezeit: VI–VII. Standort: Trockenrasen, Felshänge; auf Kalk. Verbreitung: Mittel- und Osteuropa.

4 Berg-Steinkresse

Berg-Steinkraut
Alyssum montanum
(Kreuzblütler)
Bis 30 cm hohe, von Sternhaaren graue Pflanze. Blätter bis 2,5 cm lang, ganzrandig. Kelchblätter 2,5–3,5 mm lang; Kronblätter 4–6 mm lang. Früchte 4–6 mm lang, fast kreisrund, dicht sternhaarig.
Blütezeit: III–V. Standort: Felshänge, Trockenrasen; meist auf Kalk. Verbreitung: Mittel- und Südeuropa.

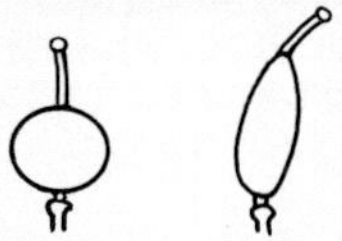

Schötchen

5 Immergrünes Hungerblümchen

Draba aizoides
(Kreuzblütler)
Bis 10 cm hohe, in lockeren Polstern wachsende Pflanze. Blätter immergrün, schmal, von steifen Borsten gewimpert. Stengel blattlos. Kelchblätter 3–4 mm lang; Kronblätter 4–6 mm lang. Frucht 6–10 mm lang, länglich, kahl.
Blütezeit: IV–VIII. Standort: Felsspalten, Felsschutt, lückige Rasen; auf Kalk. Verbreitung: Gebirge Mitteleuropas.

1|2

3|4

5

1 Glattes Brillenschötchen

Biscutella laevigata
(Kreuzblütler)
Bis 70 cm hohe, oft mehrstengelige, borstig behaarte bis fast kahle Pflanze; Stengel aufrecht, wenig beblättert, meist nur oben verzweigt. Grundblätter länglich spatelförmig, spitz, in den Blattstiel verschmälert, rosettenartig genähert, ganzrandig bis kräftig gezähnt; Stengelblätter kleiner, ungestielt, in den Achseln mit zwei sitzenden Drüsen (Lupe!). Blüten gestielt, in lockeren, oft verzweigten Trauben; Kronblätter schmal verkehrt eiförmig, bis 8 mm lang; Kelchblätter gelblichgrün, bis 3 mm lang. Frucht brillenförmig.
Blütezeit: III–IX. Standort: Felsspalten, Felsschutt, Rasengesellschaften; meist auf Kalk. Verbreitung: Fast ganz Europa.

B. laevigata
Frucht

2 Rispen-Finkensame

Neslia paniculata
(Kreuzblütler)
Bis 80 cm hohe Pflanze mit nur oben verzweigtem, unten von Sternhaaren rauhem Stengel. Blätter von Sternhaaren rauh, länglich lanzettlich, die untersten gestielt, die mittleren und oberen mit pfeilförmigem Grund sitzend. Kelchblätter aufrecht, etwa 1,5 mm lang, gelblichgrün; Kronblätter 2–2,5 mm lang, abgerundet oder gestutzt. Frucht kugelig, kaum zusammengedrückt, 1,5–2 mm lang, Oberfläche mit netzartig angeordneten Rippen, als Ganzes abfallend.
Blütezeit: V–VIII. Standort: Felder, Wegränder, Schuttplätze, Mauern, Böschungen. Verbreitung: Fast ganz Europa; Westasien, Nordafrika; nicht häufig.

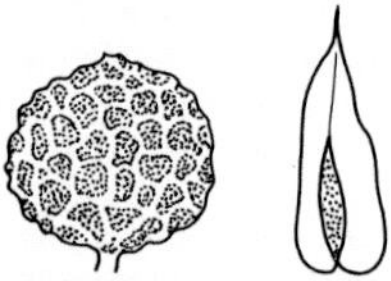

N. paniculata I. tinctoria
Früchte

3 Färber-Waid

Isatis tinctoria
(Kreuzblütler)
Bis 1m hohe, unten meist weich behaarte, oben kahle, bläulich bereifte Pflanze. Blätter ganzrandig bis etwas buchtig, selten gezähnt, oberseits mit breitem, weißem Mittelstreifen; Grundblätter gestielt, zur Blütezeit vertrocknet; Stengelblätter sitzend, länglich bis lanzettlich, 2–6 cm lang, am Grund herz- bis pfeilförmig, mit spitzen, meist verlängerten Öhrchen stengelumfassend. Blütenstand verzweigt; Blütenstiele sehr dünn, bald nach dem Verblühen abstehend bis abwärts gebogen; Kelchblätter 1,5–2 mm lang, nach dem Verblühen bleibend; Kronblätter 3–4 mm lang. Frucht hängend, elliptisch bis verkehrt eiförmig, 8–25 mm lang, 3–7 mm breit, zur Reifezeit meist schwärzlich; Fruchtflügel schwammig bis korkig, mit dickem, stumpfem Rand.
Blütezeit: V–VII. Standort: Felshänge, Mauern, Bahndämme, Weinberge, Ackerraine, Flußufer. Verbreitung: Große Gebiete Europas mit Ausnahme der nördlichen; Asien, Nordafrika.

1

2|3

1 Wasser-Sumpfkresse

Rorippa amphibia
(Kreuzblütler)
Bis 1,5 m hohe, meist völlig kahle Pflanze. Stengel dick, gefurcht. Blätter variabel, ganzrandig bis fiederteilig, elliptisch bis lanzettlich. Kelchblätter abstehend, 2 mm lang; Kronblätter 4–5 mm lang. Früchte länglich, 3–7 mm lang, auf waagerecht abstehenden oder herabgebogenen Stielen.
Blütezeit: V-VIII. Standort: Ufer, Sumpfwiesen, Gräben. Verbreitung: Europa; Nordasien.

2 Schmalblättriger Doppelsame

Diplotaxis tenuifolia
(Kreuzblütler)
Bis 60 cm hohe, kahle, bläulich bereifte Pflanze. Blätter meist tief fiederteilig mit schmalen Abschnitten. Kelchblätter 4–5 mm lang, die 2 äußeren waagerecht abstehend, die 2 inneren fast aufrecht; Kronblätter 8–15 mm lang. Frucht 2,5–3,5 cm lang, etwa 2 mm breit, lang gestielt; Samen in jedem Fach 2reihig angeordnet.
Blütezeit: V–X. Standort: Ödplätze, Mauern, Wegränder, Felder. Verbreitung: Fast ganz Europa; Asien, Nordafrika.

3 Weißer Senf

Sinapis alba
(Kreuzblütler)
Bis 80 cm hohe, unten behaarte Pflanze. Blätter gestielt, buchtig gezähnt bis fiederteilig, die obersten schmäler. Kelchblätter 4–6 mm lang: Kronblätter 7–10 mm lang. Früchte aufrecht bis waagerecht abstehend, 2,5 bis 4 cm lang, mit deutlichem Schnabel, mit zahlreichen, langen, steif abstehenden Haaren.
Blütezeit: VI–X. Standort: Äkker, Schuttplätze, Wegränder (zur Ölgewinnung angebaut). Verbreitung: Europa.

4 Färber-Wau

Reseda luteola
(Resedengewächse)
Bis 1,5 m hohe, kahle Pflanze. Blätter linealisch, ganzrandig. Blütenstiele bis 1 mm lang; Kelchblätter 4, eiförmig, 3 mm lang; Kronblätter 4, hellgelb, das obere mit 4 bis 5, die seitlichen mit 3 Zipfeln; Staubblätter zahlreich. Kapsel 4 mm hoch, fast kugelig, 3spitzig.
Blütezeit: VI–X. Standort: Schuttplätze, Ödland, Wegränder, Bahnanlagen. Verbreitung: Europa, Mittelmeerraum.

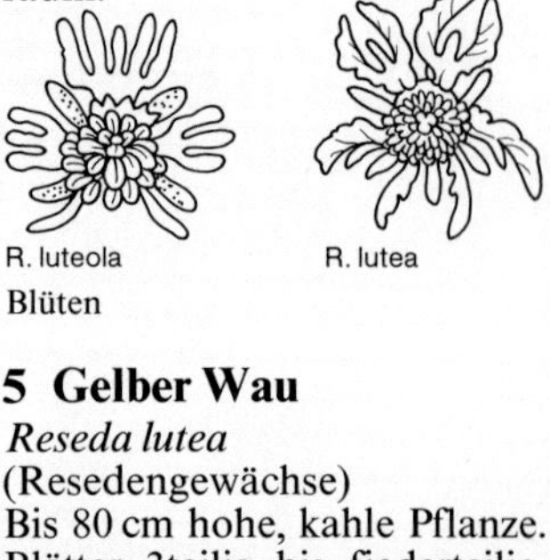

Blüten

5 Gelber Wau

Reseda lutea
(Resedengewächse)
Bis 80 cm hohe, kahle Pflanze. Blätter 3teilig bis fiederteilig, am Rand kurz knorpelzähnig. Blütenstiele bis 5 mm lang; Kelchblätter meist 6, länglich, 2–3 mm lang; Kronblätter 6, gelblich, die 2 oberen 4–5 mm lang, 3lappig, die vorderen einfacher; Staubblätter zahlreich. Kapsel 10–12 mm lang, länglich, 3spitzig.
Blütezeit: V–X. Standort: Schuttplätze, Weg- und Feldränder, Weinberge. Verbreitung: Europa, Mittelmeergebiet.

1|2

3

4|5

1 Scharfer Mauerpfeffer

Sedum acre

(Dickblattgewächse)

Bis 15 cm hohe, kahle, rasenbildende Pflanze, zur Blütezeit mit dicht beblätterten, nichtblühenden Trieben. Blätter fleischig, eiförmig, oberseits flach, unten gewölbt, stumpf, bis 4 mm lang, scharf schmekkend. Blüten 5zählig; Kelchblätter eiförmig, stumpf, etwa 3 mm lang; Kronblätter 7 bis 10 mm lang, lanzettlich, spitz, fast waagerecht abstehend; 10 Staubblätter. Balgfrüchtchen sternförmig ausgebreitet, 3–5 mm lang.

Blütezeit: VI–VIII. Standort: Felshänge, Trockenrasen, Mauern, Schuttplätze. Verbreitung: Fast ganz Europa; Nordafrika, Asien.

Ähnliche Art: **Milder Mauerpfeffer,** *S. sexangulare* (Blätter zylindrisch, bis 6 mm lang, 1 mm dick, am Grund mit kurzem Sporn).

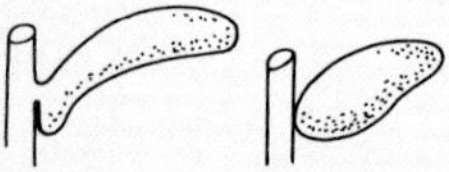

Blätter

2 Felsen-Fetthenne

Sedum reflexum

(Dickblattgewächse)

Bis 40 cm hohe Pflanze mit niederliegenden, wurzelnden, rasenbildenden Stengeln, zur Blütezeit mit nichtblühenden Trieben. Blätter schmal, 1–2 cm lang, 2–3 mm breit, fast stielrund, kurz stachelspitzig, am Grund mit einem kurzen, stumpfen Sporn, fleischig, blau- bis graugrün. Blüten meist 5zählig; Kelchblätter schmal eiförmig, kurz zugespitzt, 3–6 mm lang; Kronblätter lanzettlich, 5–10 mm lang, 10 Staubblätter, Staubfäden am Grund gewimpert. Balgfrüchtchen 5–7 mm lang, allmählich zugespitzt.

Blütezeit: VI–VIII. Standort: Mauern, Trockenhänge, Felsen, Schuttplätze, lichte Wälder; auf kalkarmen Böden. Verbreitung: Fast ganz Europa; Kleinasien.

3 Wechselblättriges Milzkraut

Chrysosplenium alternifolium

(Steinbrechgewächse)

Bis 20 cm hohe, lockerrasig wachsende Pflanze mit zum Teil oberirdischen, fadenförmigen Ausläufern. Stengel 3kantig. Blätter lang gestielt, rundlich herzförmig, grob gekerbt mit breit abgestutzten Kerbzähnen, locker anliegend behaart oder fast kahl, glänzend; Grundblätter rosettenähnlich angeordnet; Stengelblätter wechselständig. Blüten klein, grünlichgelb, von zahlreichen gelblichen Hochblättern umgeben. 4 Kelchblätter, Kronblätter fehlen; meist 8 Staubblätter. Kapsel schon vor der völligen Fruchtreife offen, becherförmig.

Blüte

Blütezeit: IV–VI. Standort: Quellfluren, Bachufer, schattige Wälder, Gebüsche, Hochstaudenfluren. Verbreitung: Europa mit Ausnahme der südlichsten Gebiete; Kaukasus.

Ähnliche Art: **Gegenblättriges Milzkraut,** *C. oppositifolium* (Stengel 4kantig, Stengelblätter gegenständig, Grundblätter ohne herzförmigen Grund).

1|2

3

1 Gewöhnlicher Odermennig

Agrimonia eupatoria
(Rosengewächse)
Bis 1,5 m hohe, abstehend behaarte Pflanze. Blätter gefiedert mit größeren und dazwischen sehr kleinen, grob gezähnten Blättchen. Blüten sehr kurz gestielt; Kelchbecher kreiselförmig, reif hart, mit 10 Längsfurchen, oben mit vielen vorne hakig gebogenen Borsten; Kronblätter schmal verkehrt eiförmig, 4–6 mm lang. Frucht nickend.
Blütezeit: VI–IX. Standort: Lichte Wälder, Hecken, magere Wiesen; meist auf Kalk. Verbreitung: Fast ganz Europa.

A. eupatoria

Frucht

2 Kriechendes Fingerkraut

Potentilla reptans
(Rosengewächse)
Bis 20 cm hohe, spärlich behaarte Pflanze mit niederliegendem, an den Knoten wurzelndem Stengel. Blätter lang gestielt, 5zählig; Blättchen verkehrt eiförmig, mit gezähntem Rand. Blüten 5zählig, einzeln, lang gestielt, 2–2,5 cm breit; Außenkelchblätter eiförmig, meist stumpf; Kelchblätter eiförmig, meist spitz.
Blütezeit: VI–IX. Standort: Gräben, Wegränder, Mauern, Gärten. Verbreitung: Fast ganz Europa; Asien, Nordafrika.

3 Gänse-Fingerkraut

Potentilla anserina
(Rosengewächse)
Bis 15 cm hohe, behaarte Pflanze mit kriechendem, an den Knoten wurzelndem Stengel. Grundblätter bis 20 cm lang, gefiedert; Blättchen länglich, am Rand scharf eingeschnitten gesägt, oberseits fast kahl, unterseits seidig schimmernd behaart. Blüten 5zählig, einzeln, lang gestielt, 2–3 cm breit; Außenkelchblätter 3spaltig, seidig behaart; Kelchblätter gleich lang, spitz, meist ungeteilt.
Blütezeit: V–IX. Standort: Weiden, Wegränder, Ödplätze. Verbreitung: Fast weltweit.

4 Blutwurz

Potentilla erecta
(Rosengewächse)
Bis 30 cm hohe, behaarte Pflanze. Stengelblätter 5zählig; Blättchen länglich, von der Mitte an gezähnt. Blüten gestielt, meist mit 4 Kronblättern, etwa 1 cm breit; Außenkelchblätter länglich, stumpf; Kelchblätter meist kürzer, breiter; Kronblätter wenig länger als die Kelchblätter.
Blütezeit: V–X. Standort: Wiesen, Moore, Heiden. Verbreitung: Europa; Asien, Nordafrika.

5 Rötliches Fingerkraut

Potentilla heptaphylla
(Rosengewächse)
Bis 15 cm hohe, behaarte, grau schimmernde Pflanze. Stengel und Kelche oft gerötet. Grundblätter (5- bis) 7zählig, lang gestielt; Blättchen länglich, am Grund fast stielartig verschmälert, jederseits mit 2–6 Zähnen. Blüten 5zählig, 1–1,5 cm breit; Außenkelchblätter wie Kelchblätter lanzettlich.
Blütezeit: IV–VII. Standort: Trockenrasen, lichte Wälder. Verbreitung: Mitteleuropa.

1|2

3

4|5

1 Schwärzender Geißklee

Lembotropis nigricans
(Schmetterlingsblütler)

Bis 1 m hohe, unten verholzte Pflanze. Triebe beim Trocknen schwarz werdend. Zweige aufrecht, fein gerillt, dicht anliegend behaart. Blätter 3zählig, gestielt; Blättchen verkehrt eiförmig, bis über 2 cm lang, oberseits kahl, dunkelgrün, unterseits angedrückt behaart, blaßgrün. Blüten in langen, aufrechten, unbeblätterten Trauben; Blütenstiele angedrückt behaart, ebenso der kurz glockenförmige, 2lippige Kelch; Einschnitt zwischen beiden Lippen viel tiefer als der Einschnitt der Oberlippe; Krone 1 cm lang, kahl, duftend; alle Kronblätter etwa gleich lang. Frucht bis über 3 cm lang, flach, dicht angedrückt behaart.

Blütezeit: VI–VIII. Standort: Trockenhänge, lichte Wälder, Gebüsche. Verbreitung: Große Gebiete Europas, fehlt westlich vom Rhein und im Rhônegebiet; ostwärts bis Mittelrußland.

Hinweis: Oft auch zur Gattung **Geißklee,** *Cytisus,* gerechnet, mit der die Art den kurz glokkenförmigen, 2lippigen Kelch gemeinsam hat. Wegen der tragblattlosen, langen Blütenstände jedoch von dieser Gattung getrennt.

L. nigricans

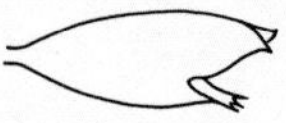

Chamaecytisus

Kelche

Die landläufig gelegentlich ebenfalls als Ginster oder Geißklee bezeichnete Gattung **Zwergginster,** *Chamaecytisus,* unterscheidet sich durch den röhrenförmigen, kurz 2lippigen Kelch.

2 Flügelginster

Chamaespartium sagittale
(Schmetterlingsblütler)

Rasig wachsende, bis 30 cm hohe, zerstreut abstehend behaarte Pflanze mit kriechenden, bewurzelten, holzigen Stämmchen. Zweige aufrecht, meist einfach, aus 3 bis 6 Gliedern mit zähen, häutigen, an den Knoten unterbrochenen Flügeln gebildet. Blätter ohne Nebenblätter, abwechselnd links und rechts einzeln an den Knoten sitzend, 1–2 cm lang, lanzettlich, bald abfallend. Blüten dicht gedrängt; Kelch 2lippig, glockenförmig; Einschnitt zwischen den beiden Lippen so tief oder weniger tief als der Einschnitt der Oberlippe; Krone 10–15 mm lang; Kronblätter alle etwa gleich lang. Frucht (Hülse) flach, 1,5–2 cm lang, dicht behaart.

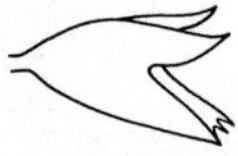

C. sagittale

Kelch

Blütezeit: V–VII. Standort: Heiden, Trockenrasen, lichte Wälder; auf kalkarmen Böden. Verbreitung: Südeuropa von Spanien bis zur Balkanhalbinsel, Mitteleuropa von Frankreich bis Ungarn recht zerstreut.

Hinweis: Oft auch zur Gattung **Ginster,** *Genista,* gerechnet, mit der der Flügelginster den tief 2lippigen Kelch mit tief 2spaltiger Oberlippe gemeinsam hat. Wegen der geflügelten Zweige aber von dieser Gattung getrennt.

1

2

1 Färber-Ginster

Genista tinctoria
(Schmetterlingsblütler)
Bis 1 m hohe, zerstreut behaarte Pflanze mit aufrechten, dornenlosen Zweigen. Blätter lanzettlich. Kelch 2lippig; Einschnitt zwischen den beiden Lippen so tief wie oder weniger tief als der Einschnitt der Oberlippe; Krone 10–15 mm lang. Frucht 1,5–3 cm lang, meist kahl.
Blütezeit: VI–IX. Standort: Heiden, Streuwiesen, lichte Wälder. Verbreitung: Fast ganz Europa; Asien.

2 Kicher-Tragant

Astragalus cicer
(Schmetterlingsblütler)
Bis 1 m hohe Pflanze mit dünnem, anliegend behaartem Stengel. Blätter unpaarig gefiedert mit bis 3 cm langen Blättchen. Krone 1,2–1,6 mm lang; Schiffchen stumpf. Frucht fast sitzend, kugelig, 1–1,5 cm lang, reif stark aufgeblasen, von weißen und schwarzen Haaren zottig.
Blütezeit: VI–VIII. Standort: Gebüsche, Ödland, Ackerränder, Magerrasen. Verbreitung: Fast ganz Europa; Sibirien, Baikalsee, Altai.

3 Feld-Spitzkiel

Oxytropis campestris
(Schmetterlingsblütler)
Bis 20 cm hohe, zerstreut behaarte, stengellose Pflanze. Blätter unpaarig gefiedert. Blütenstand lang gestielt; Krone 1,5–2 cm lang; Schiffchen mit zahnartigem Spitzchen. Frucht aufgeblasen, aufrecht, dicht behaart.
Blütezeit: VI–VIII. Standort: Rasen; oft auf Kalk. Verbreitung: Gebirge Süd- und Mitteleuropas, Südschweden.
Ähnliche Art: **Zottiger Spitzkiel,** *O. pilosa* (Pflanze mit deutlichem, beblättertem Stengel), in Europa und Asien.

4 Echter Steinklee

Melilotus officinalis
(Schmetterlingsblütler)
Bis 1,5 m hohe Pflanze. Blätter 3zählig, gestielt; Blättchen am Rand gezähnt, mittleres deutlich länger gestielt als die seitlichen. Blüten hängend; Krone 5, 5–7 mm lang. Frucht 3–4 mm lang, eiförmig, kahl, mit Querfurchen.
Blütezeit: V–X. Standort: Weg- und Ackerränder, Ödland, Schuttflächen. Verbreitung: Europa; Asien.

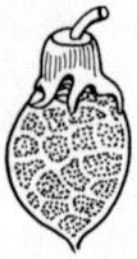
M. officinalis

Frucht

5 Wiesen-Platterbse

Lathyrus pratensis
(Schmetterlingsblütler)
Bis 1 m hohe Pflanze mit kletterndem Stengel. Blätter mit 1 Paar längsnerviger, lanzettlicher Blättchen und verästelter oder einfacher Ranke. Blüten schwach duftend; Krone bis 2 cm lang. Frucht länglich, bis 4 cm lang, schwärzlich, reif kahl.
Blütezeit: V–VIII. Standort: Wiesen, Gebüsche, Waldränder. Verbreitung: Fast ganz Europa; Asien, Nordafrika.

1|2

3

4|5

1 Gold-Klee

Trifolium aureum
(Schmetterlingsblütler)
Bis 30 cm hohe, buschig wachsende Pflanze. Blätter gestielt; Teilblätter bis 2 cm lang, fast ungestielt; Nebenblätter am Grund abgerundet oder verschmälert. Blütenstände 20- bis 40blütig, 1–1,5 cm breit, gestielt; Blütenstiele kürzer als die Kelchröhre; Krone 5–7 mm lang, nach dem Verblühen hellbraun, nicht abfallend; Fahne vorn ausgerandet.
Blütezeit: VI–VII. Standort: Trockene Wiesen, Wegränder, Gebüsche, lichte Wälder; auf kalkarmen Böden. Verbreitung: Große Gebiete Europas, im Süden nur in den Gebirgen; Kaukasus, Kleinasien.
Ähnliche Arten: **Feld-Klee,** *T. campestre* (mittleres Blättchen lang gestielt, Krone 4–5 mm lang), auf kalkhaltigen Böden. – **Kleiner Klee,** *T. dubium* (Blütenstand bis 15blütig, 0,6 bis 0,8 cm breit), mit dem Hopfenklee (→2) zu verwechseln.

2 Hopfenklee

Medicago lupulina
(Schmetterlingsblütler)
Bis 50 cm hohe Pflanze. Grundblätter zur Blütezeit vertrocknet; Stengelblätter 3zählig, das Endblättchen länger gestielt als die seitlichen; Blättchen verkehrt eiförmig, an der Spitze fein gezähnt, zumindest unterseits anliegend behaart. Blüten zahlreich, in kugeligen bis eiförmigen, 0,4–0,6 cm breiten Köpfen; Krone 2–3,5 mm lang, auch verblüht noch gelb, abfallend. Früchte 3 mm lang, nierenförmig, reif schwarzbraun.
Blütezeit: V–X. Standort: Mähwiesen und Wegränder, Schuttplätze. Verbreitung: Fast ganz Europa; durch Anbau heute fast weltweit verschleppt.

3 Wundklee

Anthyllis vulneraria
(Schmetterlingsblütler)
Bis 50 cm hohe Pflanze. Grundblätter einfach oder wenig gefiedert; Stengelblätter meist stärker zerteilt; Blättchen länglich, ganzrandig. Blüten in Köpfen mit breiten, 3- bis 7spaltigen Tragblättern; Kelch dicht behaart, etwas aufgeblasen; Krone 1–2 cm lang, hellgelb bis rötlich. Frucht im Kelch eingeschlossen.
Blütezeit: V–X. Standort: Felshänge, Magerwiesen, Wegränder, Straßenböschungen, vor allem auf Kalk. Verbreitung: Europa; ostwärts bis zum Kaukasus und nach Vorderasien, südwärts bis Nordafrika.

1|2

3

1 Scheiden-Kronwicke

Coronilla vaginalis
(Schmetterlingsblütler)
Bis 20 cm hohe, kahle Pflanze mit unten verholztem, meist reich verzweigtem, niederliegend-aufsteigendem Stengel. Blätter kurz gestielt, mit 5 bis 13 blaugrünen, verkehrt eiförmigen, bis 1 cm langen, fast nervenlosen, hellrandigen Blättchen; Nebenblätter fast so groß wie die Blättchen, blaß, scheidenartig verwachsen. Blüten duftend, in bis 10blütigen, lang gestielten Blütenständen; Krone bis 1 cm lang; Blütenstiele etwa so lang wie der Kelch. Früchte nickend, gerade, deutlich eingeschnürt, 6kantig, davon 4 Kanten wellig geflügelt. Blütezeit: VI–VIII. Standort: Felsschutt, lückige Rasen, lichte Wälder; stets auf Kalk. Verbreitung: Südeuropa, südliches Mitteleuropa.
Ähnliche Art: **Hufeisenklee,** *Hippocrepis comosa* (Blättchen schmäler, ohne hellen Rand, Frucht flach mit hufeisenförmigen Gliedern), in ganz Europa häufig.

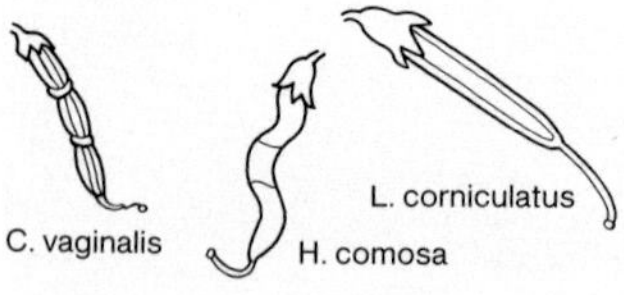

Früchte

2 Hornklee

Lotus corniculatus
(Schmetterlingsblütler)
Bis 40 cm hohe Pflanze. Blätter 5zählig, die 3 oberen Blättchen kurz gestielt, das untere Paar direkt am Stengel. Blüten in doldenähnlichen, gestielten Köpfen; Krone bis 1,5 cm lang, dunkelgelb, oft rötlich überlaufen. Früchte bis 2 cm lang, rund, gerade, reif kastanienbraun.
Blütezeit: V–X. Standort: Trockene Rasen, Mähwiesen, Wegränder, lichte Wälder. Verbreitung: Fast ganz Europa; Asien, Nord- und Ostafrika.

3 Gelbe Spargelbohne

Tetragonolobus maritimus subsp. siliquosus
(Schmetterlingsblütler)
Bis 15 cm hohe Pflanze mit niederliegend-aufsteigendem Stengel. Blätter 5zählig; Blättchen etwas fleischig, fast ungestielt, die 3 oberen genähert, die 2 unteren direkt am Stengel. Blüten einzeln, lang gestielt; Kelch etwa 1,5 cm lang; Krone 2,5–3 cm lang, blaßgelb. Frucht 4–5 cm lang, 0,3–0,5 cm dick, mit 4 etwa 1 mm breiten Längsflügeln.
Blütezeit: V–VI. Standort: Trockenrasen, Streuwiesen, lichte Wälder. Verbreitung: Große Gebiete Europas, vor allem im Süden; Nordafrika.
Hinweis: Unterscheidet sich von der Gattung **Hornklee,** *Lotus,* nur durch die 4flügelige Frucht; wird in manchen Büchern auch als *Lotus siliquosus* geführt.

1

2|3

1 Zypressen-Wolfsmilch

Euphorbia cyparissias ☩
(Wolfsmilchgewächse)
Bis 50 cm hohe, kahle Pflanze mit Milchsaft. Stengel mit bis 20 nichtblühenden, dicht beblätterten und bis 10 blütentragenden Seitenzweigen. Blätter linealisch, ganzrandig, bis 4 cm lang, bis 3 mm breit. Blüten sehr klein (zurückgebildet), in becherförmigen, mit Drüsen besetzten Hüllen zusammengefaßt, die zusammen mit den gelben, später roten Hüllblättchen als Blüten wirken, in Dolden mit gabelig verzweigten Doldenstrahlen.
Blütezeit: IV–VII. Standort: Trockene Rasen, Wegränder, lichte Wälder. Verbreitung: Fast ganz Europa.

E. cyparissias

Teilblütenstand mit Hüllbecher, Drüsen, Frucht

2 Zwerg-Buchs

Polygala chamaebuxus
(Kreuzblümchengewächse)
Bis 30 cm hoher Halbstrauch mit verholzenden Zweigen. Blätter lederig, immergrün, schmal eiförmig. Blüten bis 15 mm lang; Kelchblätter sehr ungleich, die 3 äußeren klein, eines davon spornartig, 2 innere groß, kronblattartig; Kronblätter ungleich, die 2 oberen weiß bis gelb oder rötlich, das untere kräftig gelb, beim Verblühen purpurn bis rotbraun.
Blütezeit: III–VI. Standort: Felshänge, Trockenrasen, lichte Gebüsche, Wälder. Verbreitung: Große Gebiete Europas, im Süden seltener.

3 Echtes Johanniskraut

Hypericum perforatum
(Johanniskrautgewächse)
Bis 1 m hohe, kahle Pflanze. Blätter eiförmig bis linealisch, mit zahlreichen, durchscheinenden Punkten. Blüten 5zählig; Kelchblätter schmal, wie die Kronblätter gelegentlich schwarz gepunktet, bis 15 mm lang; Staubblätter zahlreich, in 5 Gruppen zusammengefaßt; 3 bis 5 Griffel.
Blütezeit: VI–IX. Standort: Felshänge, Trockenrasen, Wiesen, lichte Wälder. Verbreitung: Europa mit Ausnahme des höchsten Nordens; Westasien, Nordafrika.

4 Rührmichnichtan

Großes Springkraut
Impatiens noli-tangere
(Springkrautgewächse)
Bis 1 m hohe, kahle Pflanze. Blätter wechselständig, grob gezähnt; Zähne mit feiner, aufgesetzter Spitze, am Rand mit gestielten Drüsen. Blüten mit Sporn, einzeln oder bis zu 4 in den Blattachseln, an abwärts gebogenen Stielen; Krone etwa 3 cm lang, das große Kronblatt mit roten Punkten. Frucht 2–3 cm lang, keulenförmig, reif bei Berührung aufplatzend und die Samen ausschleudernd.
Blütezeit: VII–IX. Standort: Feuchte Wälder, Gebüsche, Schlagfluren. Verbreitung: Fast ganz Europa; ostwärts bis Japan.

1

2

3|4

1 Gewöhnliches Sonnenröschen

Helianthemum nummularium
(Zistrosengewächse)
Bis 50 cm hoher, behaarter Zwergstrauch. Blätter gegenständig, länglich, stets mit Nebenblättern. Blüten bis 3 cm breit; Kronblätter verkehrt eiförmig; Kelchblätter eiförmig, weißlich, mit starken Nerven.
Blütezeit: V–IX. Standort: Felshänge, Trockenrasen. Verbreitung: Europa; Nordafrika, Kleinasien.
Ähnliche Art: **Graues Sonnenröschen,** *H. canum* (Blätter ohne Nebenblätter, unterseits graufilzig).

2 Gebirgsveilchen

Stiefmütterchen
Viola tricolor
(Veilchengewächse)
Bis 30 cm hohe Pflanze. Stengel beblättert; untere Blätter rundlich mit herzförmigem Grund, am Rand gekerbt; obere Blätter länglich, am Grund verschmälert; Nebenblätter tief fiederspaltig, mit großem Endabschnitt. Blüten bis 3 cm hoch, schwach duftend; Kronblätter viel länger als der Kelch, gelb bis blau, die unteren mit dunklen Strichen, das unterste mit kräftig gelbem Fleck.
Blütezeit: VI–VIII. Standort: Äcker, Ödland, Wiesen. Verbreitung: Fast ganz Europa.

3 Nachtkerze

Oenothera biennis
(Nachtkerzengewächse)
Bis 1 m hohe, oft rot überlaufene Pflanze. Stengel oben etwas kantig, beblättert. Grundblätter länglich verkehrt eiförmig, in den Stiel verschmälert, buchtig gezähnt bis fast ganzrandig; Stengelblätter zahlreich, kleiner. Blüten 2–3 cm lang, duftend, einzeln in den Blattachseln; Kelchblätter zurückgeschlagen, kürzer als der längliche, unterständige Fruchtknoten; Kronblätter viel länger als die Staubblätter. Früchte bis 3 cm lang, länglich, stumpf 4kantig.
Blütezeit: VI–X. Standort: Bahndämme, Straßenböschungen, Wegränder, Ödland. Verbreitung: Europa; seit dem 17. Jahrhundert eingeschleppt.

4 Pastinak

Pastinaca sativa
(Doldengewächse)
Bis 1,5 m hohe, zerstreut behaarte Pflanze. Blätter einfach fiederschnittig mit 2 bis 7 Paaren von unregelmäßig gekerbten bis gesägten Abschnitten, Endabschnitt oft 3lappig; oberste Blätter oft bis auf die Blattscheide reduziert. Blüten in Dolden; Hülle und Hüllchen fehlen; Kronblätter gelb, gleich groß, ½ mm lang, 1 mm breit, nach außen gebogen. Frucht linsenförmig zusammengedrückt, 5–7 mm lang, reif gelbbraun, schmal geflügelt.
Blütezeit: VII–IX. Standort: Wiesen, Wegränder, Ödland. Verbreitung: Fast ganz Europa; Kaukasus, Sibirien.

1

2

3|4

1 Fichtenspargel

Monotropa hypopitys
(Wintergrüngewächse)
Bis 30 cm hohe, gelblich bis rötlich gefärbte Pflanze ohne Blattgrün, die auf Holzpflanzenwurzeln als Parasit lebt oder sich von faulenden Pflanzenresten ernährt. Stengel mit schuppenartigen Blättern besetzt. Blüten einzeln oder zu mehreren am Stengelende; Blütenstand zur Blütezeit nickend, fruchtend aufrecht; Kelch- und Kronblätter frei, nach der Blüte abfallend; Innenseite der Kronblätter, Staubfäden und Griffel behaart. Frucht höher als breit.
Blütezeit: VI–VIII. Standort: Nadelwälder. Verbreitung: Fast ganz Europa; Asien, Nordamerika.
Ähnliche Art: **Buchenspargel,** *M. hypophegea* (Kronblätter, Staubfäden und Griffel kahl), in Laub- und Laubmischwäldern.

2 Stengellose Schlüsselblume Ⓢ

Primula vulgaris
(Primelgewächse)
Bis 15 cm hohe, stengellose Pflanze. Blätter bis 15 cm lang, zum Grund hin allmählich verschmälert, oberseits hellgrün, kahl, unterseits graugrün, behaart, mit fein gezähntem Rand, jung nach unten eingerollt. Blüten auf langen Stielen aus der Rosette entspringend, bis 3 cm breit; Kelch bis 15 mm lang, mit scharfen Kanten; Krone mit flach ausgebreiteten, vorne ausgerandeten Lappen. Frucht eine 5–10 mm lange Kapsel.
Blütezeit: II–V. Standort: Lichte (Laub-)Wälder, Gebüsche, magere Wiesen. Verbreitung: Große Gebiete Europas, vor allem im Süden und Westen; Kaukasus, Kleinasien, Nordafrika.

3 Frühlings-Schlüsselblume Ⓢ

Primula veris
(Primelgewächse)
Bis 30 cm hohe, samtig behaarte Pflanze. Blätter grundständig, runzelig, länglich eiförmig, oberseits dunkelgrün, unterseits hellgrün, mit unregelmäßig gezähntem Rand. Blüten duftend, in einer lang gestielten Dolde; Kelchzähne eiförmig; Krone bis 15 mm breit, am Grund röhrenförmig, oben schüsselförmig mit aufrecht abstehenden, am Grund orange gefleckten Kronlappen. Frucht eine 5–10 mm lange, eiförmige Kapsel.
Blütezeit: IV–V. Standort: Trockene Wiesen und Gebüsche. Verbreitung: Fast ganz Europa; Asien.
Ähnliche Art: **Hohe Schlüsselblume,** *P. elatior* (Blüten heller, nicht duftend, Kelchzähne lanzettlich, Kronlappen ausgebreitet), in feuchten Wiesen und Wäldern.

1

2

3

1 Strauß-Gilbweiderich

Lysimachia thyrsiflora
(Primelgewächse)
Bis 60 cm hohe Pflanze mit meist unverzweigtem, aufrechtem Stengel, zerstreut behaart. Blätter gegenständig, die oberen schmal lanzettlich, bis 10 cm lang, sitzend, am Rand etwas eingerollt, rot gepunktet, spärlich behaart. Blüten in dichten, 1–3 cm langen, gestielten Blütenständen in den Achseln der mittleren Stengelblätter; Kelchblätter 5 bis 6, 2,5–4,5 mm lang, schmal lanzettlich, kahl; Kronblätter 5 bis 6, 3–6 mm lang, linealisch, gegen die Spitze zu rot gepunktet. Kapsel etwa 3 mm lang, rot gepunktet.
Blütezeit: V–VII. Standort: Ufer, Gräben, Sumpf- und Streuwiesen. Verbreitung: Nördliches Europa (etwa von den Alpen nordwärts); Sibirien, Nordamerika.

2 Pfennigkraut

Lysimachia nummularia
(Primelgewächse)
Bis 5 cm hohe, kahle Pflanze mit bis 50 cm langem, im unteren Teil wurzelndem, kriechendem Stengel. Blätter gegenständig, rundlich bis eiförmig, gestielt, oft mit herzförmigem Grund, rot gepunktet. Blüten einzeln in den Achseln der mittleren Blätter; Blütenstiele etwa so lang wie die Blätter; Kelchblätter 5, 7–10 mm lang, schmal herzförmig, rot gepunktet; Kronblätter 5, 9–16 mm lang, eiförmig, rot gepunktet.
Blütezeit: V–VII. Standort: Feuchte Wiesen, Gärten, Gräben, Auwälder, Waldränder. Verbreitung: Fast ganz Europa; in viele Gebiete der Welt verschleppt.
Ähnliche Art: **Wald-Gilbweiderich,** *L. nemorum* (Stengel aufsteigend, Blätter eiförmig, durchscheinend punktiert, Blüten in den Achseln der oberen Blätter, Kelchblätter linealisch, Kronblätter lanzettlich, nicht rot gepunktet), in Wäldern und Gebüschen.

3 Gewöhnlicher Gilbweiderich

Lysimachia vulgaris
(Primelgewächse)
Bis 1,5 m hohe, behaarte Pflanze. Blätter gegenständig oder in 3- bis 4zähligen Quirlen, lanzettlich, bis 15 cm lang, kurz gestielt oder sitzend, rot gepunktet, unterseits dicht behaart. Blütenstände gestielt, in den Achseln der oberen Stengelblätter oder am Ende des Stengels; Kelchblätter meist 5, 3–5 mm lang, lanzettlich, drüsig gewimpert, mit rotem Rand; Kronblätter 7–12 mm lang, eiförmig, ohne rote Punkte. Kapsel 4–5 mm lang, ohne rote Punkte.
Blütezeit: VI–VIII. Standort: Auwälder, Gräben, Ufer, Gebüsche, Streuwiesen, Sumpfwiesen. Verbreitung: Fast ganz Europa; Nordafrika, ostwärts bis Japan.
Ähnliche Art: **Punktierter Gilbweiderich,** *L. punctata* (Blätter in 3- bis 6zähligen Quirlen, auf beiden Seiten dicht behaart, nicht gepunktet, Kelchblätter ohne roten Rand, Kronblätter mit roten Punkten), in Gärten angepflanzt, oft verwildert.

1

2|3

1 Seekanne Ⓢ ▽

Nymphoides peltata
(Enziangewächse)
Schwimmpflanze mit wechselständigen, in der Blütenregion gegenständigen Blättern. Blätter rund mit herzförmigem Grund, lederartig derb, gestielt, unterseits drüsig punktiert. Blüten meist in Büscheln, aber nicht gleichzeitig blühend, gestielt, etwas über die Wasseroberfläche herausragend; Kelch fast bis zum Grund 5teilig; Krone 3–5 cm breit, mit kurzer, trichterförmiger Röhre und 5 ausgebreiteten, am Rand gefransten Kronzipfeln, im Schlund bärtig. Frucht 1,5 bis 2,5 cm lang, schmal eiförmig.
Blütezeit: VI–VIII. Standort: Stehende oder langsam fließende, nährstoffreiche, im Sommer warme Gewässer. Verbreitung: Mittel- und Südeuropa; ostwärts bis Japan.

2 Salbei-Gamander

Teucrium scorodonia
(Lippenblütler)
Bis 50 cm hohe, kurzzottig behaarte Pflanze mit 4kantigem, meist nur oben verzweigtem Stengel. Blätter gestielt, bis 7 cm lang, eiförmig mit herzförmigem oder gestutztem Grund, ringsum gekerbt bis gezähnt, runzelig. Blüten 9–12 mm lang, kurz gestielt, einzeln oder paarweise in den Achseln kleiner Tragblätter, in einseitswendigen Blütenständen; Kelch röhrig-glockenförmig, gebogen, am Grund mit einer deutlichen Ausbuchtung, 2lippig, der obere, aufgebogene, breit eiförmige Zahn viel größer als die übrigen; Krone blaßgelb bis grünlichgelb, mit weit hervorragender Röhre und herabgekrümmter Unterlippe.
Blütezeit: VI–X. Standort: Lichte Wälder, Heiden, Gebüsche. Verbreitung: Fast ganz Europa.

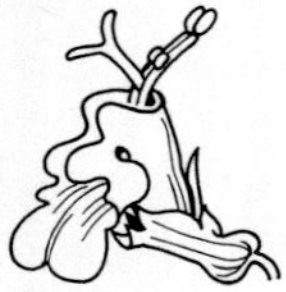

Blüte

Hinweis: Alle Gamander-Arten sind durch die charakteristische Form der Krone leicht zu erkennen. Sie ist scheinbar ohne Oberlippe, da diese gespalten ist und ihre Hälften seitlich herabgerückt sind, so daß die Unterlippe 5lappig erscheint (→auch 140/2, **Echter Gamander**). An Trockenhängen findet man den **Berg-Gamander,** *T. montanum,* einen rasig wachsenden Spalierstrauch mit weißlichgelben Blüten und linealischen, unterseits weißfilzigen Blättern.

1

2

1 Berg-Goldnessel

Lamium montanum
(Lippenblütler)
Bis 60 cm hohe Pflanze mit am Grund ringsum abstehend behaartem Stengel, während oder kurz nach der Blüte mit Ausläufern. Blätter gestielt, breit lanzettlich, grob gezähnt. Blüten sitzend, in quirlartigen Blütenständen in den Achseln der oberen Blattpaare; Krone 1,7–2,5 cm lang; Unterlippe braun gefleckt, 3lappig; Kelch mit lang zugespitzten Zähnen; Staubbeutel und Blütenstaub gelb.
Blütezeit: IV–VIII. Standort: Laubmischwälder, Gebüsche, Hochstaudenfluren. Verbreitung: Fast ganz Europa.

2 Aufrechter Ziest

Stachys recta
(Lippenblütler)
Bis 50 cm hohe, zerstreut behaarte Pflanze mit 4kantigem Stengel. Blätter gegenständig, kurz gestielt, länglich, fast ganzrandig bis gezähnt. Blüten sitzend, in quirlartigen Blütenständen in den Achseln von Tragblättern; Krone 1–2 cm lang; Oberlippe aufgerichtet, mit zurückgeschlagenen Rändern; Unterlippe herabgeschlagen, deutlich braun gefleckt, 3lappig, mit zurückgeschlagenen Rändern.
Blütezeit: VI–IX. Standort: Felshänge, Wiesen, Waldränder, Gebüsche. Verbreitung: Fast ganz Europa.

3 Bunter Hohlzahn

Galeopsis speciosa
(Lippenblütler)
Bis 1 m hohe Pflanze mit steifbehaartem, 4kantigem Stengel. Blätter gestielt, eiförmig bis lanzettlich, am Grund abgerundet bis keilförmig, am Rand regelmäßig gezähnt. Blüten in quirlartigen Blütenständen in den Achseln von Tragblättern; Krone 1,5–2,5 cm lang; Unterlippe quadratisch, fast ganz violett.
Blütezeit: VII–IX. Standort: Wälder, Schlagfluren, Gebüsche, Äcker, Wegränder. Verbreitung: Mittel- und Osteuropa.

4 Klebriger Salbei

Salvia glutinosa
(Lippenblütler)
Bis 1 m hohe Pflanze mit oben drüsig klebrigem, 4kantigem Stengel. Blätter gestielt, eiförmig, mit herzförmigem bis spießförmigem Grund, am Rand gesägt. Blüten zu 2 bis 6 in den Achseln kleiner Tragblätter; Krone bis 4 cm lang; Oberlippe sichelförmig gebogen; Unterlippe mit rotbraunen Flecken und Strichen, 3lappig.
Blütezeit: VII–IX. Standort: Bergwälder, Hochstaudenfluren, Gebüsche. Verbreitung: Bergländer Mittel- und Südeuropas; ostwärts bis zum Himalaja.

1

2|3

4

1 Schwarze Königskerze

Verbascum nigrum
(Braunwurzgewächse)
Bis 1,2 m hohe, schwach behaarte Pflanze. Stengel zu mehreren, unverzweigt. Grundblätter eiförmig mit herzförmiger Basis, gestielt; Stengelblätter gerundet sitzend, alle oberseits kahl. Blüten zu 2 bis 4 gebüschelt, einen dichten ährigen Blütenstand bildend; Krone 15–20 mm breit, verwachsen, mit 5 Zipfeln, hellgelb, am Grunde blutrot gefleckt; Staubfäden violett wollig behaart.
Blütezeit: VI–IX. Standort: Trockenrasen, Unkrautfluren, Bachufer. Verbreitung: Fast ganz Europa; ostwärts bis Sibirien.

2 Kleinblütige Königskerze

Verbascum thapsus
(Braunwurzgewächse)
Bis 1,8 m hohe, dicht filzig behaarte Pflanze. Blätter länglich bis elliptisch, die oberen und mittleren flügelartig bis zum nächsten Blatt am Stengel herablaufend, die unteren gestielt. Blüten kurz gestielt, in einer dichten ährigen Traube; Krone hellgelb, verwachsen, mit 5 Zipfeln, weit trichterförmig, 18–22 mm breit; die 2 längeren Staubfäden weiß wollig behaart, 3- bis 4mal so lang wie ihre kurz herablaufenden Staubbeutel.
Blütezeit: VII–IX. Standort: Unkrautfluren, Waldränder, Kahlschläge. Verbreitung: Fast ganz Europa; Nordasien.
Ähnliche Arten: **Großblütige Königskerze,** *V. densiflorum* (obere und mittlere Blätter bis zum nächsten Blatt herablaufend, untere deutlich gekerbt, Blüten flach, 30–35 mm breit, längere Staubfäden ½- bis 2mal so lang wie ihre herablaufenden Staubbeutel), an ähnlichen Stellen. – **Windblumen-Königskerze,** *V. phlomoides* (obere und mittlere Blätter nur wenig herablaufend, untere undeutlich gekerbt, Blüten flach, 30–35 mm breit, längere Staubfäden ½- bis 2mal so lang wie ihre herablaufenden Staubbeutel), an ähnlichen Stellen.

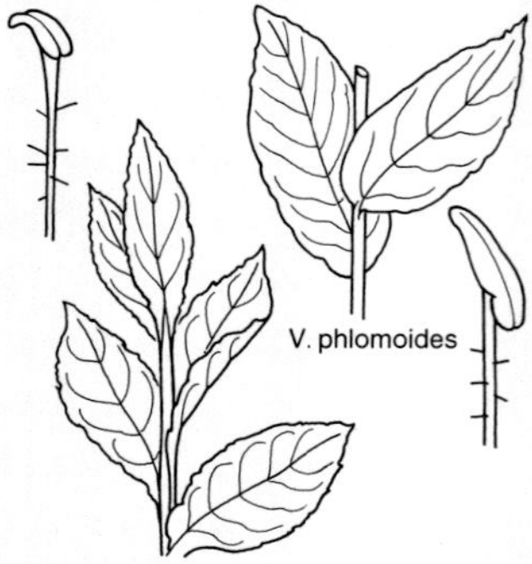

Stengelteile und Staubfäden

3 Gemeines Leinkraut

Linaria vulgaris
(Braunwurzgewächse)
Bis 90 cm hohe, vielstengelige, kahle Pflanze. Blätter lanzettlich bis linealisch, spitz, etwas bläulichgrün. Blüten kurz gestielt, in einer dichten Traube; Kelch verwachsen mit 5 lanzettlichen Zipfeln; Blütenkrone hellgelb, 16–30 mm lang, verwachsen, 2lippig, die Oberlippe mit einem orangefarbenen Gaumen den Eingang verschließend, am Grunde mit einem deutlichen, spitzen Sporn.
Blütezeit: VI–X. Standort: Trockenrasen, Wegränder, Schuttplätze, Äcker. Verbreitung: Fast ganz Europa; Westasien.

1

2|3

1 Großblütiger Fingerhut ⊞ ∇

Digitalis grandiflora
(Braunwurzgewächse)
Pflanze bis 1 m hoch, behaart. Blätter sitzend, länglich, gesägt. Blüten kurz gestielt, nickend; Blütenstiele und der 5teilige Kelch drüsig behaart; Krone hellgelb mit braunen Adern, 3–4,5 cm lang, bauchig glockig, schwach lippig; Oberlippe stumpf, ganzrandig.
Blütezeit: VI–VII. Standort: Waldränder, Gebüsche, Staudenfluren. Verbreitung: Mittel-, Süd- und Osteuropa; ostwärts bis Sibirien.
Ähnliche Art: **Gelber Fingerhut,** *D. lutea* (Pflanze meist kahl, Krone 20–25 mm lang mit spitz 2zipfliger Oberlippe), an ähnlichen Stellen, auf Kalk.

2 Grannen-Klappertopf

Rhinanthus aristatus
(Braunwurzgewächse)
Bis 50 cm hohe, fast kahle Pflanze mit meist verzweigtem Stengel. Blätter sitzend, lanzettlich, gekerbt. Tragblätter schmal 3eckig, am Rande lang gezähnt, die unteren Zähne bis 8 mm lang mit 1–3 mm langer Granne; Krone 15–20 mm lang mit aufwärts gebogener Röhre; Oberlippe mit kurzem, bläulichem Zahn; Unterlippe abstehend.
Blütezeit: VI–IX. Standort: Rasen aller Art, Halbschmarotzer auf Gräsern. Verbreitung: Alpen, Alpenvorland.

3 Wiesen-Wachtelweizen

Melampyrum pratense
(Braunwurzgewächse)
Bis 30 cm hohe, wenig behaarte Pflanze. Blätter gegenständig, lanzettlich. Blüten in einer lockeren Traube; Tragblätter lanzettlich, wenigzähnig; Kelch 5zipflig, 5–7 mm lang; Krone blaßgelb, lang, röhrenförmig, 10–16 mm lang, 2lippig mit geschlossenem Schlund.
Blütezeit: VI–VIII. Standort: Wiesen, Heiden, Gebüsche, Wälder. Verbreitung: Fast ganz Europa; ostwärts bis Westsibirien.

4 Karlszepter Ⓢ ∇

Pedicularis sceptrum-carolinum
(Braunwurzgewächse)
Bis 1 m hohe, kahle Pflanze. Blätter fiederteilig, mit länglichen, gekerbten Fiedern. Kelchzähne länglich, gekerbt; Krone verwachsen mit geschlossenem Schlund, gelb; Rand der Unterlippe blutrot.
Blütezeit: VI–VIII. Standort: Flachmoore. Verbreitung: Nordeuropa, Alpenvorland und Alpen.

5 Gemeiner Wasserschlauch ∇

Utricularia vulgaris
(Wasserschlauchgewächse)
Stengel im Wasser schwimmend, 30–100 cm lang. Blätter in zahlreiche haarförmige Zipfel zerteilt, mit zahlreichen blasenförmigen Schläuchen besetzt, die dem Fang kleiner Wasserinsekten dienen. Blüten gestielt, über das Wasser herausragend; 2lippig, der Schlund durch den Gaumen der Oberlippe verschlossen.
Blütezeit: VI–VIII. Standort: Stehende Gewässer. Verbreitung: Fast ganz Europa; Asien, Nordamerika.

1|2

3|4

5

1 Echtes Labkraut

Galium verum
(Rötegewächse)
Bis 60 cm hohe Pflanze. Stengel rundlich, mit 4 erhabenen Längslinien. Blätter zu 8 bis 12 in einem Quirl, schmal linealisch, stachelspitzig, am Rande nach unten gerollt, etwa 1 mm breit, unterseits weich behaart. Blüten klein, zahlreich, in einem dichten, reichverzweigten endständigen Blütenstand; Kelch fehlend; Krone 4zipflig, stark nach Honig duftend.
Blütezeit: VI–IX. Standort: Trockenrasen, Wegränder, lichte Wälder. Verbreitung: Fast ganz Europa; Nordasien.

Blüte

Ähnliche Art: **Wirtgens Labkraut,** *G. wirtgenii* (Blätter bis 2 mm breit, unterseits kahl, Blütenstand unterbrochen, Blüten geruchlos), blüht bereits V–VI.
Hinweis: Diente früher als Lab zur Gerinnung der Milch bei der Käsebereitung, daher der Name.

2 Echte Goldrute

Solidago virgaurea
(Korbblütler)
Stengel bis 1 m hoch, aufrecht. Grundblätter elliptisch, lang gestielt, glänzend; Stengelblätter schmaler, gesägt bis fast ganzrandig, in den geflügelten Blattstiel verschmälert. Blütenköpfchen in einem traubigen oder schmal rispigen Blütenstand; Hüllschuppen schmal lanzettlich, häutig berandet; Zungenblüten länger als die Hülle, wie die Röhrenblüten goldgelb. Frucht mit Pappus.
Blütezeit: VII–X. Standort: Magerrasen, Kahlschläge. Verbreitung: Fast ganz Europa; Nordasien, Nordamerika.

3 Riesen-Goldrute

Solidago gigantea
(Korbblütler)
Bis 2 m hohe Pflanze. Stengel unterwärts kahl. Blätter lanzettlich, gesägt, unterseits kahl oder auf den Nerven kurz behaart. Blütenköpfchen klein, aufrecht, in dichter Traube an abstehenden, bogig überhängenden Ästen angeordnet; Zungenblüten etwas länger als Hülle und Röhrenblüten. Frucht mit Pappus.
Blütezeit: VIII–X. Standort: Auwälder, Hochstaudenfluren, Wegränder. Verbreitung: Nordamerika; bei uns als Zierpflanze angebaut und eingebürgert.

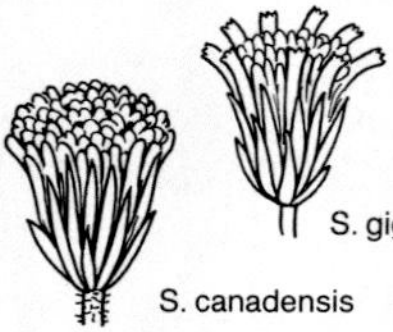

Blütenköpfchen

Ähnliche Art: **Kanadische Goldrute,** *S. canadensis* (Stengel und Blattunterseite dicht behaart, Zungenblüten nicht länger als die Hülle und die Röhrenblüten), an ähnlichen Standorten.

1|2

3

1 Gemeines Ochsenauge

Buphthalmum salicifolium
(Korbblütler)
Bis 50 cm hohe, weich behaarte Pflanze. Blätter lanzettlich, spitz, untere kurz gestielt, obere sitzend. Blütenköpfe endständig, 3–6 cm breit; Hülle mit zahlreichen, linealischen, seidenhaarigen Schuppen; Zungenblüten strahlend; zwischen den Röhrenblüten finden sich schmal linealische, durchscheinende Schuppen, die an jungen Köpfchen die Blüten deutlich überragen; hierdurch leicht von ähnlichen Arten der Gattung **Alant,** *Inula,* zu unterscheiden.
Blütezeit: VI–IX. Standort: Trockenrasen, Gebüsche; auf Kalk. Verbreitung: Mittel- und Südeuropa.

2 Dürrwurz

Dürrwurz-Alant, *Inula conyza*
(Korbblütler)
Bis 1 m hohe Pflanze. Blätter elliptisch, weich behaart, untere gestielt, obere sitzend. Blütenstand doldenartig, reichköpfig; Hülle mit zahlreichen schmalen, grünen Schuppen; Zungenblüten fehlend oder fast röhrenförmig und in der Hülle versteckt, Köpfchen daher nicht strahlend.
Blütezeit: VII–X. Standort: Trockenrasen, Trockengebüsche. Verbreitung: Europa, außer dem Norden.

3 Ruhrwurz

Großes Flohkraut
Pulicaria dysenterica
(Korbblütler)
Pflanze bis 60 cm hoch, weich behaart. Blätter länglich, am Grunde herzförmig stengelumfassend. Blütenköpfchen 15 bis 30 mm breit, in einem doldenartigen Blütenstand; Hülle mit zahlreichen schmalen, spitzen Hüllschuppen; Zungenblüten schmal, strahlend.
Blütezeit: VII–IX. Standort: Feuchtwiesen, Ufer. Verbreitung: Europa; Nord- und Westasien, Nordafrika.

4 Nickender Zweizahn

Bidens cernua
(Korbblütler)
Bis 1,2 m hohe Pflanze. Blätter gegenständig, lanzettlich, gesägt, fast sitzend. Blütenköpfchen voll erblüht nickend, mit laubartigen Hüllschuppen.
Blütezeit: VIII–X. Standort: Feuchte Stellen, Teich- und Grabenränder. Verbreitung: Europa; Nordasien, Nordamerika.
Ähnliche Art: **Dreiteiliger Zweizahn,** *B. tripartita* (Blätter gestielt, 3teilig), an ähnlichen Stellen.

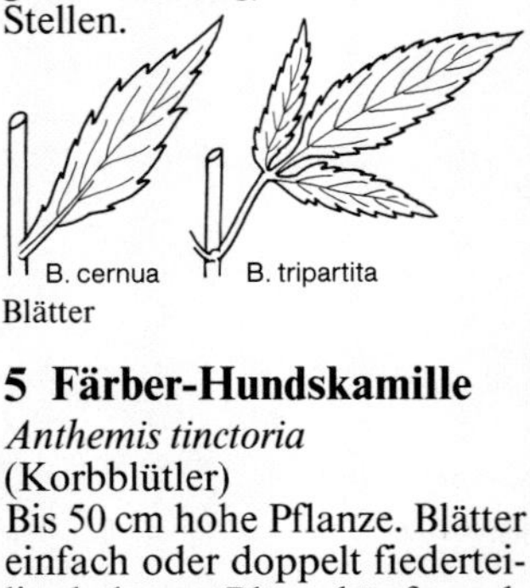

Blätter

5 Färber-Hundskamille

Anthemis tinctoria
(Korbblütler)
Bis 50 cm hohe Pflanze. Blätter einfach oder doppelt fiederteilig, behaart. Blütenköpfe endständig; Schuppen der Hülle am Rande trockenhäutig; zwischen den Röhrenblüten finden sich lanzettlich spitze, durchscheinende Schuppen.
Blütezeit: VI–IX. Standort: Trockenhänge, Gebüsche; meist auf Kalk. Verbreitung: In wärmeren Gebieten Europas und Nordasiens.

1|2

3

4|5

1 Rainfarn

Tanacetum vulgare
(Korbblütler)
Bis 1,2 m hohe, beblätterte Pflanze. Stengel meist kahl, nur im oberen Teil verzweigt. Blätter sitzend, gefiedert mit länglichen, scharf gesägten Blättchen. Blütenstand eine lockere bis dichte Scheindolde; Blütenköpfchen goldgelb, 6–10 mm breit; Hülle halbkugelig mit grünen, dachziegelartig angeordneten Hüllschuppen; Blüten röhrenförmig, die Hülle deutlich überragend.
Blütezeit: VII–IX. Standort: Staudengesellschaften, Flußufer, Unkrautfluren, Schuttplätze. Verbreitung: Fast ganz Europa; Westasien.

2 Huflattich

Tussilago farfara
(Korbblütler)
Bis 25 cm hohe Pflanze. Blütenstengel vor den Blättern erscheinend, unverzweigt, dicht spinnwebig bis weißfilzig behaart, im unteren Teil dicht, im oberen Teil locker mit lanzettlichen, zugespitzten, bleich rötlichen Schuppenblättern besetzt. Blütenköpfchen endständig, 30–40 mm breit; Hülle mit einreihigen, linealischen Hüllschuppen; Zungenblüten strahlend, linealisch, bis 14 mm lang, zahlreich, wie die Röhrenblüten gelb. Blätter grundständig, deutlich gestielt, rundlich mit herzförmiger Bucht, am Rand grob, dazwischen feiner gezähnt, oberseits schwach behaart, unterseits dicht weißfilzig.
Blütezeit: III–IV. Standort: Ufer, Wegränder, feuchte Äkker, Schuttplätze. Verbreitung: Fast ganz Europa; Nordasien, Nordafrika.

Ähnliche Arten: Nahe verwandt ist die Gattung **Pestwurz,** *Petasites,* deren Arten (→Seite 188/189) im blühenden Zustand wegen ihrer weißrötlich blühenden Köpfchen ohne Zungenblüten jedoch leicht vom Huflattich zu unterscheiden sind. Dagegen werden die Blätter, die auch bei den Pestwurzarten nach der Blüte erscheinen, leicht mit Huflattichblättern verwechselt, zumal die Pestwurzarten an ähnlichen Standorten wachsen: **Gemeine Pestwurz,** *P. hybridus* (→ Seite 242/243); **Weiße Pestwurz,** *P. albus* (Blätter unterseits lokker weißfilzig, am Grunde mit geschlossener Bucht), in den Mittelgebirgen, Voralpen und Alpen; **Alpen-Pestwurz,** *P. paradoxus* (Blätter unterseits dicht weißfilzig, 3eckig bis herzförmig, am Grunde mit sehr weiter Bucht), in Alpenvorland und Alpen.

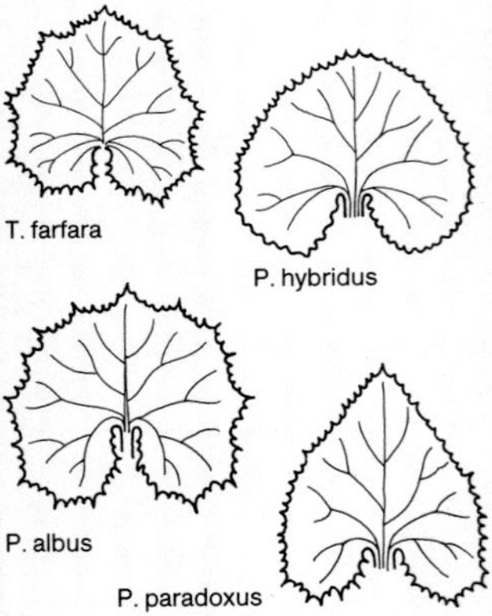

Blätter

1

2

1 Fuchs Greiskraut ⊞

Senecio fuchsii
(Korbblütler)
Bis 1,2 m hohe, kahle Pflanze. Blätter lanzettlich, fein gesägt, mit geflügeltem Stiel. Blütenköpfchen zahlreich, in einem doldenartigen Blütenstand; Hülle schmal walzenförmig, mit meist 8 1reihigen, linealischen Hüllschuppen; Zungenblüten meist 5, linealisch; Röhrenblüten zahlreicher. Früchte mit Pappus.
Blütezeit: VII–IX. Standort: Laubwälder, Waldränder, Staudenfluren. Verbreitung: Mitteleuropa, Balkan.
Ähnliche Art: **Hain-Greiskraut,** *S. nemorensis* (Stengel und Blätter kraus behaart, Hülle mit 10 bis 12 Schuppen), an ähnlichen Standorten.

2 Spatelblättriges Greiskraut ⊞

Senecio helenitis
(Korbblütler)
Bis 70 cm hohe, wollig bis flokkig behaarte Pflanze. Grundblätter eiförmig, gekerbt bis gezähnt, plötzlich in den Blattstiel verschmälert; Stengelblätter länglich, stielartig verschmälert, unterseits dicht weißwollig behaart. Blütenköpfchen zu wenigen in einem doldenartigen Blütenstand; Schuppen der Hülle 1reihig, wollig. Früchte behaart, mit Pappus.
Blütezeit: V–VI. Standort: Feuchtwiesen. Verbreitung: Mitteleuropa.
Ähnliche Art: **Steppen-Greiskraut,** *S. integrifolius* (Grundblätter ganzrandig, allmählich in den Blattstiel verschmälert), mehr in Trockenrasen.

3 Jakobs-Greiskraut ⊞

Senecio jacobaea
(Korbblütler)
Bis 1 m hohe, behaarte bis fast kahle Pflanze. Stengel oberwärts verzweigt. Blätter fiederteilig, am Grunde mit einem zerteilten Öhrchen stengelumfassend. Blütenstand doldenartig; Hülle mit 1reihigen Schuppen und 1 bis 2 sehr kurzen Schuppen am Grunde. Früchte mit Pappus.
Blütezeit: VII–IX. Standort: Wiesen, Trockenrasen, Staudenfluren. Verbreitung: Europa; Nordasien.
Ähnliche Art: **Raukenblättriges Greiskraut,** *S. erucifolius* (Öhrchen am Blattgrund unzerteilt, Hülle am Grunde mit 4 bis 6 Schuppen, die halb so lang sind wie die übrigen), an ähnlichen Standorten.

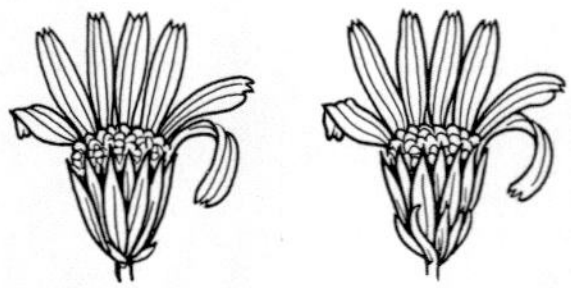

S. jacobaea S. erucifolius
Blütenköpfchen

4 Arnika Ⓢ

Wohlverleih, *Arnica montana*
(Korbblütler)
Bis 60 cm hohe, drüsig behaarte Pflanze. Grundblätter eiförmig, 5nervig, gestielt; 1 bis 2 Paare von sitzenden, kleineren Stengelblättern. Blütenköpfchen einzeln oder zu 2 bis 3, 5–8 cm breit; Hülle mit 1 bis 3 Reihen lanzettlicher Schuppen; Zungenblüten lang, strahlend. Früchte mit Pappus.
Blütezeit: VI–VII. Standort: Magerrasen; meidet Kalk. Verbreitung: Fast ganz Europa; Sibirien.

1

2|3

4

1 Niedrige Schwarzwurzel

Scorzonera humilis
(Korbblütler)
Bis 40 cm hohe Pflanze. Blätter alle grundständig, lanzettlich bis schmal lanzettlich, ganzrandig, am Grunde stielartig verschmälert, meist kahl. Blütenköpfe meist einzeln, endständig an einem blattlosen Stengel, nur mit Zungenblüten; Schuppen der Hülle mehrreihig. Früchte mit Pappus.
Blütezeit: V–VI. Standort: Moorwiesen, Magerrasen. Verbreitung: Europa; im Süden und Norden selten.

2 Kohl-Gänsedistel

Sonchus oleraceus
(Korbblütler)
Bis 1 m hohe, an der Spitze verzweigte Pflanze. Blätter buchtig gezähnt oder fiederspaltig, selten ganzrandig. Blütenköpfe langgestielt; nur mit Zungenblüten; Hülle kahl. Frucht mit Pappus, zwischen den Längsrippen querrunzelig, Stengelblätter am Grund mit spitzen Öhrchen.
Blütezeit: VII–X. Standort: Unkrautfluren, Äcker. Verbreitung: Fast ganz Europa; Asien, Nordafrika.

Blattgrund

Ähnliche Arten: **Rauhe Gänsedistel,** *S. asper* (Öhrchen der Stengelblätter rund, Frucht nicht querrunzelig). – **Acker-Gänsedistel,** *S. arvensis* (Hülle mit gelbköpfigen Drüsen).

3 Hainsalat

Stinksalat, *Aposeris foetida*
(Korbblütler)
Bis 25 cm hohe, unangenehm nach verdorbenem Mehl riechende Pflanze. Blätter alle grundständig, fiederspaltig mit eckigen Lappen. Blütenköpfe einzeln an langen, blattlosen Stengeln; nur mit Zungenblüten. Frucht ohne Pappus.
Blütezeit: V–VI. Standort: Laubwälder; auf Kalk. Verbreitung: Gebirge Mitteleuropas, Voralpenland.

4 Gemeines Ferkelkraut

Hypochoeris radicata
(Korbblütler)
Bis 60 cm hohe, borstig behaarte Pflanze. Blätter in grundständiger Rosette, gezähnt bis buchtig fiederspaltig. Stengel unverzweigt oder wenig verzweigt, mit wenigen Schuppenblättern. Blütenköpfe endständig, 3–5 cm breit, nur mit Zungenblüten; Hülle mit mehrreihigen, schmalen, kahlen Schuppen. Frucht mit Pappus.
Blütezeit: VI–IX. Standort: Magerrasen, Kiefernwälder, Kahlschläge. Verbreitung: Fast ganz Europa.

5 Wiesen-Pippau

Crepis biennis
(Korbblütler)
Bis 1 m hohe, meist kurz behaarte Pflanze. Blätter länglich, buchtig gezähnt bis fiederspaltig, die unteren gestielt, die oberen sitzend. Blütenköpfe gestielt; nur mit Zungenblüten; Hülle mit inneren anliegenden und kurzen äußeren, abstehenden Schuppen.
Blütezeit: V–VIII. Standort: Fettwiesen. Verbreitung: Fast ganz Europa.

1|2

3

4|5

1 Orientalischer Bocksbart

Tragopogon orientalis
(Korbblütler)
Bis 60 cm hohe, kahle, wenig verzweigte Pflanze. Stengel unter den Blütenköpfchen kaum verdickt. Blätter schmal lanzettlich, zugespitzt, ganzrandig, mit verbreitertem Grunde sitzend. Blütenköpfe zu wenigen oder einzeln, nur mit Zungenblüten; Hülle 25–35 mm lang, aus 8 linealisch zugespitzten Schuppen bestehend; Zungenblüten deutlich länger als die Hülle; Staubbeutel gelb, mit schwarzen Längsstreifen. Früchte lang geschnäbelt, mit gefiedertem Pappus.
Blütezeit: V–VII. Standort: Fettwiesen, Trockenrasen, Wegränder. Verbreitung: Fast ganz Europa.

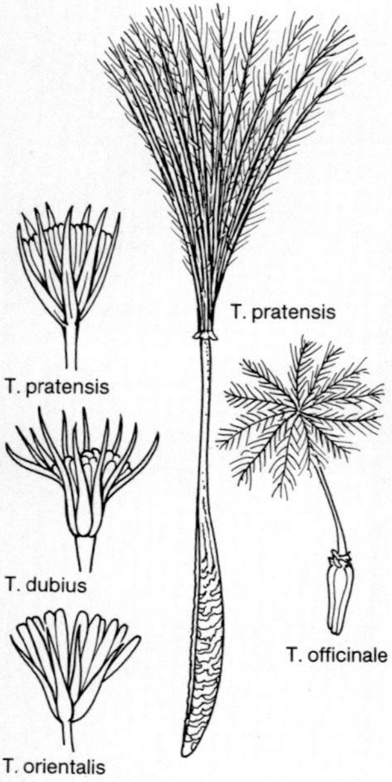

Blütenköpfe und Früchte

Ähnliche Arten: **Großer Bocksbart,** *T. dubius* (Stengel unter den Blütenköpfchen stark keulenartig verdickt, 8 bis 12 Hüllenschuppen), in Trockenrasen, meist auf Kalk. – **Wiesen-Bocksbart,** *T. pratensis* (Stengel unter den Blütenköpfen nicht verdickt, Blüten deutlich kürzer als die Hülle, Staubbeutel gelb, an der Spitze dunkelviolett).
Interessantes zur Biologie: Die Blüten dieser Bocksbart-Arten stellen eine Art »biologische Uhr« dar: Bei schönem Wetter sind die Blüten des Orientalischen Bocksbarts bis 11 Uhr und des Wiesen-Bocksbarts bis 14 Uhr geöffnet.

2 Gemeiner Löwenzahn

Kuhblume
Taraxacum officinale
(Korbblütler)
Bis 50 cm hohe, kahle oder schwach behaarte Pflanze. Blätter in einer grundständigen Rosette, sehr unterschiedlich gezähnt, gelappt oder eingeschnitten, selten ganzrandig. Blütenköpfe einzeln an einem langen, blattlosen Stiel, nur mit Zungenblüten; Hülle aus äußeren kurzen, abstehenden und inneren längeren, anliegenden, schmalen Schuppen bestehend. Frucht lang geschnäbelt mit einem schirmförmigen, fiedrigen Pappus.
Blütezeit: IV–VI (–XII). Standort: Fettwiesen, Weiden, Äcker, Schuttplätze. Verbreitung: In zahllosen, schwer zu unterscheidenden Kleinarten durch ganz Europa und Westasien.
Hinweis: Die ganze Pflanze enthält – wie fast alle Korbblütler, die nur Zungenblüten besitzen – einen weißlichen Milchsaft, der Kautschuk enthält.

1

2

1 Kleines Habichtskraut

Hieracium pilosella
(Korbblütler)
Pflanze bis 30 cm hoch. Stengel 1köpfig, unbeblättert. Blätter in grundständiger Rosette, länglich, oberseits und am Rande borstig gewimpert, unterseits weißfilzig. Aus der Rosette entspringen beblätterte, lange Ausläufer, die an der Spitze einwurzeln können. Hülle drüsig und flockenhaarig; Blüten alle zungenförmig. Früchte mit Pappus.
Blütezeit: V–X. Standort: Trokkenrasen, Heiden. Verbreitung: Fast ganz Europa; Nordasien, Nordamerika.

2 Gemeiner Rainkohl

Lapsana communis
(Korbblütler)
Bis 1 m hohe Pflanze. Stengel unten borstig behaart, oben kahl und verzweigt. Untere Blätter leierförmig fiederteilig mit großem Endabschnitt, obere lanzettlich, gezähnt, sitzend. Blütenköpfchen klein, 10–20 mm breit; nur mit blaßgelben Zungenblüten. Früchte ohne Pappus.
Blütezeit: VI–VIII. Standort: Laubwälder, Gebüsche, Gärten, Wegränder. Verbreitung: Fast ganz Europa; Westasien, Nordafrika.

3 Wald-Habichtskraut

Hieracium murorum
(Korbblütler)
Bis 60 cm hohe Pflanze. Stengel nur an der Spitze verzweigt, wenigblättrig. Grundblätter eiförmig, im unteren Teil gezähnt, am Grunde herzförmig, behaart und unterseits spärlich flockig; Stengelblätter kleiner. Blütenköpfe wenige, nur mit Zungenblüten; Hülle reichdrüsig, haarlos. Früchte mit Pappus.
Blütezeit: V–VII. Standort: Laubwälder, Gebüsche, Gebirgswiesen, Mauern. Verbreitung: Fast ganz Europa; Nordasien.
Ähnliche Art: **Gabeliges Habichtskraut,** *H. bifidum* (Blätter am Grunde nicht herzförmig, Hülle drüsenlos, reich behaart), mehr südlich verbreitet, auf Kalk.

4 Öhrchen-Habichtskraut

Hieracium auricula
(Korbblütler)
Bis 30 cm hohe, behaarte Pflanze. Stengel mit 2 bis 4 gedrängten Köpfen. Blätter in grundständiger Rosette, schwach behaart. Beblätterte Ausläufer vorhanden. Hülle schwach behaart; Blüten alle zungenförmig. Früchte mit Pappus.
Blütezeit: VI–VIII. Standort: Kalkarme Magerrasen, Weiden, Wegränder. Verbreitung: Fast ganz Europa; Kaukasus.

1

2|3

4

1 Schachblume Ⓢ Ⓥ

Fritillaria meleagris
(Liliengewächse)
Bis 40 cm hohe, kahle Pflanze. Blätter wenige, wechselständig, linealisch, rinnig, etwas blaugrün. Blüten einzeln oder zu 2, überhängend, bauchig glockig, bis 3,5 cm lang; Blütenhüllblätter länglich, schachbrettartig purpurrot und weißlich gefleckt.
Blütezeit: IV–V. Standort: Feuchte Wiesen. Verbreitung: Westeuropa, stellenweise in Mittel- und Südeuropa.

2 Türkenbund-Lilie Ⓢ

Lilium martagon
(Liliengewächse)
Bis 60 cm hohe, kurz behaarte Pflanze. Blätter quirlartig, elliptisch lanzettlich. Blüten bis zu 10, in Trauben angeordnet, gestielt, nickend; 6 Blütenhüllblätter, länglich, zurückgebogen, blaß braunrot und dunkler gefleckt.
Blütezeit: VI–VII. Standort: Bergwiesen, Bergwälder; vorwiegend auf Kalk. Verbreitung: Fast ganz Europa; gemäßigte Klimazonen Asiens.
Ähnliche Art: **Feuerlilie,** *L. bulbiferum* (wechselständige, linealische Blätter, die in ihren Achseln häufig braune Brutknospen tragen, Blüten einzeln oder zu mehreren, 4–6 cm lang, mit aufrechten, leuchtendroten oder gelbroten, innen warzig rauhen Blütenhüllblättern), blüht V–VII; an warmen Hängen, Waldrändern und Hecken in den Mittelgebirgen Mitteleuropas und den Alpen.
Interessantes zur Biologie: Viele Liliengewächse können mit Hilfe von Zwiebeln oder Knollen überwintern oder Trockenperioden überstehen. Bei Eintritt besserer Bedingungen treiben sie sofort aus und beginnen zu blühen. Viele Frühjahrsblüher gehören zu diesem Pflanzentyp. Durch die Bildung von Seitenzwiebeln und Tochterknollen kommt es meist zu einer wirksamen Vermehrung der Pflanzen. Bei der Feuerlilie sorgen kleine Brutzwiebeln in den Blattachseln für die weitere Vermehrung. Auch bei vielen **Zwiebel-Arten** *(Allium)* finden sich solche Brutzwiebelchen zwischen den Blüten im Blütenstand.

1

2

1 Herbstzeitlose ⊞

Colchicum autumnale
(Liliengewächse)
Bis 25 cm hohe, kahle Pflanze. Blätter alle grundständig, länglich lanzettlich, ganzrandig, mit vielen parallelen Nerven, mit den eiförmigen oder länglichen Kapseln im Frühjahr erscheinend. Blüten zu 1 bis 3 im Herbst erscheinend, sehr langröhrig mit 6 länglichen Kronzipfeln; 6 Staubblätter und 3 Griffel, weit aus der Röhre herausragend.
Blütezeit: VIII–IX. Standort: Feuchte Wiesen. Verbreitung: Fast ganz Europa.

2 Schnittlauch

Allium schoenoprasum
(Liliengewächse)
Bis 50 cm hohe, kahle Pflanze. Stengel hohl, hoch hinauf beblättert. Blätter den Stengel scheidenartig umfassend, im oberen freien Teil rund, röhrenförmig, hohl. Blüten in einem endständigen, doldenartigen, kugeligen Blütenstand, von 2 eiförmigen Hochblättern gestützt; Blütenblätter 6, lanzettlich, zugespitzt, 7–15 mm lang, länger als die Staubblätter.
Blütezeit: VI–VIII. Standort: Feuchte Wiesen, Flußufer, Quellfluren. Verbreitung: Fast ganz Europa, vor allem in höheren Lagen; große Gebiete Asiens, Nordamerika.

3 Gekielter Lauch

Allium carinatum
(Liliengewächse)
Bis 60 cm hohe, kahle Pflanze. Stengel in der unteren Hälfte beblättert. Blätter grasartig, flach, am Grunde den Stengel scheidenartig umfassend. Blüten in einer kugeligen Scheindolde, die außerdem noch Brutzwiebeln enthält und von 2 langen, linealischen Hochblättern gestützt wird; Blüten lang gestielt; 6 Blütenblätter, 4–7 mm lang, nur halb so lang wie die Staubblätter.
Blütezeit: VI–VII. Standort: Trockenrasen. Verbreitung: Mitteleuropa, Italien, Balkan.
Ähnliche Art: **Gemüse-Lauch,** *A. oleraceum* (Blätter deutlich rinnig, Blütenblätter so lang wie die Staubblätter), an ähnlichen Standorten.

4 Kugelköpfiger Lauch

Allium sphaerocephalum
(Liliengewächse)
Bis 60 cm hohe, kahle Pflanze. Stengel bis über die Mitte beblättert. Blätter halb stielrund, oberseits tief rinnig, am Grund den Stengel scheidenartig umfassend. Blüten in einer dichten, kugeligen Scheindolde, von 2 kleinen, eiförmig zugespitzten Hochblättern gestützt; Blütenblätter 4–5 mm lang, kürzer als die Staubblätter.
Blütezeit: VI–VII. Standort: Felsfluren, Trockenrasen; meist auf Kalk. Verbreitung: Mittel- und Südosteuropa; ostwärts bis Kleinasien.

1

2|3

4

1 Sumpf-Siegwurz Ⓢ ▽

Gladiolus palustris
(Schwertliliengewächse)
Bis 50 cm hohe, kahle Pflanze. Blätter seitlich zusammengedrückt, schwertartig, deutlich längsnervig. Blüten zu 3 bis 6 am Ende des Stengels einseitswendig, sitzend; Blütenhüllblätter 6, alle gleich, eiförmig, etwas zugespitzt; 3 Staubblätter.
Blütezeit: VI–VII. Standort: Feuchte Wiesen. Verbreitung: Mitteleuropa, Italien, Balkan.

2 Kugel-Knabenkraut

Traunsteinera globosa Ⓢ ▽
(Knabenkrautgewächse)
Bis 50 cm hohe, kahle Pflanze. Blätter länglich lanzettlich, bläulichgrün, das oberste schuppenförmig. Blüten in einem fast kugeligen Blütenstand; Blütenhüllblätter 6, rosa, die 5 oberen zunächst helmförmig zusammenneigend, später glockig abstehend, das untere eine 3lappige Unterlippe bildend, die dunkler punktiert ist, am Grunde gespornt.
Blütezeit: VI–VII. Standort: Kalkmagerrasen, Gebirgswiesen. Verbreitung: Gebirge Europas von den Pyrenäen bis zum Kaukasus.

3 Helm-Knabenkraut

Orchis militaris Ⓢ ▽
(Knabenkrautgewächse)
Bis 50 cm hohe, kahle Pflanze. Untere Blätter elliptisch, zugespitzt, obere kleiner und schmäler, ganzrandig. Blüte in einer dichten Ähre; Blütenhüllblätter 6, die oberen 5 weißlichrosa, helmförmig zusammenneigend, das untere eine 5zipfelige, rosapurpurne, weiß gefleckte Unterlippe bildend, am Grunde gespornt.
Blütezeit: V–VI. Standort: Flachmoorwiesen, Halbtrockenrasen; nur auf Kalk. Verbreitung: Mittel- und Südeuropa; Kaukasus, Sibirien.

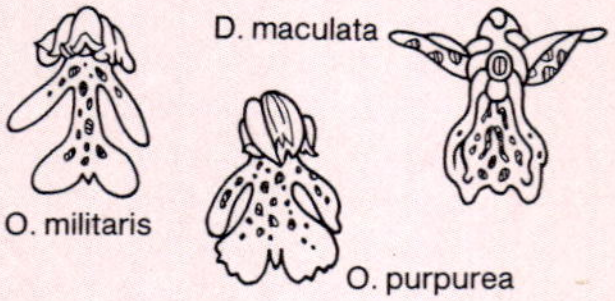

Blüten

4 Purpur-Knabenkraut

Orchis purpurea Ⓢ ▽
(Knabenkrautgewächse)
Bis 70 cm hohe, kahle Pflanze. Blätter am Grunde des Stengels gedrängt, breit elliptisch, spitz, mit vielen Längsnerven. Blütenhüllblätter 6, die oberen 5 einen kugelig eiförmigen, purpurfarbenen Helm, das untere eine 4zipfelige, hellrosa gefärbte Unterlippe bildend, am Grunde gespornt.
Blütezeit: V–VI. Standort: Wärmeliebende Wälder, Gebüsche, Trockenrasen. Verbreitung: Mittel- und Südeuropa; Kleinasien.

5 Geflecktes Knabenkraut

Dactylorhiza maculata Ⓢ
(Knabenkrautgewächse)
Bis 60 cm hohe, kahle Pflanze. Untere Blätter eiförmig, deutlich dunkelfleckig, die oberen kleiner und schmäler. Blütenhüllblätter 6, hellila, die oberen 5 nicht helmförmig zusammenneigend, das untere eine 3zipfelige Unterlippe bildend, am Grunde gespornt.
Blütezeit: V–VIII. Standort: Moorwiesen, feuchte Heiden. Verbreitung: Fast ganz Europa; Nordasien.

1|2

3

4|5

1 Kleines Knabenkraut

Orchis morio Ⓢ ▽

(Knabenkrautgewächse)

Bis 40 cm hohe, kahle Pflanze. Untere Blätter länglich elliptisch, spitz, mittlere und obere scheidenartig. Blüten in einer lockeren Ähre, purpurn bis rosa, seltener weißlich gefärbt; Blütenhüllblätter 6, die oberen 5 stumpf, helmförmig zusammenneigend, grünlich geadert, das untere eine breite, kaum gelappte Unterlippe bildend, am Grunde gespornt.

Blütezeit: IV–VI. Standort: Trocken- und Halbtrockenrasen. Verbreitung: Fast ganz Europa; Kaukasus.

2 Breitblättriges Knabenkraut Ⓢ ▽

Dactylorhiza majalis

(Knabenkrautgewächse)

Bis 60 cm hohe, kahle Pflanze. Blätter länglich eiförmig bis lanzettlich, stumpf bis spitz, meist dunkel gefleckt. Blütenstand eine dichte, meist reichblütige Ähre; Blütenhüllblätter 6, purpurn, die oberen 5 abstehend, das untere eine kaum gelappte Unterlippe bildend, die breiter als lang und am Grunde lang gespornt ist.

Blütezeit: V–VI. Standort: Nasse Wiesen, Gräben, Quellsümpfe. Verbreitung: Mittel- und Südeuropa; Kleinasien, Sibirien.

Ähnliche Art: **Fleischrotes Knabenkraut,** *D. incarnata* (Blätter schmäler, vom Grund an gleichmäßig zugespitzt, ungefleckt, Blüten rot oder seltener gelb), an ähnlichen Standorten.

3 Kuckucks-Knabenkraut

Orchis mascula Ⓢ ▽

(Knabenkrautgewächse)

Bis 50 cm hohe, kahle Pflanze. Untere Blätter lanzettlich, die oberen scheidenartig. Blütenstand eine lockere Ähre; Blütenhüllblätter 6, purpurn, 3 der oberen lanzettlich, lang zugespitzt, abstehend, 2 weitere kürzer, stumpf, zusammenneigend, das untere eine tief 3lappige Lippe bildend, am Grunde lang gespornt.

Blütezeit: V–VI. Standort: Bergwiesen, Trockenrasen, lichte Laubwälder. Verbreitung: Mittel- und Südeuropa; Kleinasien.

1

2|3

1 Wohlriechende Händelwurz Ⓢ

Gymnadenia odoratissima
(Knabenkrautgewächse)
Bis 30 cm hohe, kahle Pflanze. Blätter lanzettlich, bis 15 cm lang, die oberen kleiner. Tragblätter der Blüten etwa so lang wie der Fruchtknoten. Blüten stark duftend; äußere Blütenhüllblätter oval, 5–6 mm lang, die seitlichen schief nach unten stehend, die inneren oberen Blütenhüllblätter kleiner, rundlich; Lippe 3lappig mit verlängertem Mittellappen; Sporn dünn, höchstens so lang wie der Fruchtknoten.
Blütezeit: V–VIII. Standort: Trockenrasen, Felshänge, lichte Wälder; auf Kalk. Verbreitung: Europa; Nordasien.
Ähnliche Art: **Mücken-Händelwurz,** *G. conopea* (Sporn viel länger als der Fruchtknoten, Lappen der Lippe etwa gleichlang).

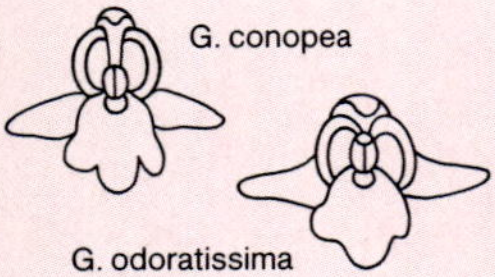

Blüten

2 Pyramidenorchis Ⓢ ▽

Hundswurz
Anacamptis pyramidalis
(Knabenkrautgewächse)
Bis 60 cm hohe, kahle Pflanze. Blätter von unten nach oben kleiner werdend, lanzettlich, bis 10 cm lang. Blütenstand anfangs kegelförmig, später zylindrisch, dichtblütig; Tragblätter der Blüten lanzettlich, so lang wie der Fruchtknoten, rötlich; äußere Blütenhüllblätter abstehend, lanzettlich, 5–7 mm lang; die 2 oberen inneren von gleicher Form wie die äußeren und zusammenneigend; Lippe 3teilig, am Grund mit 2 vorspringenden, plattenartigen Erhebungen, Mittelabschnitt kleiner als die seitlichen; Sporn dünn, fadenförmig, etwa so lang wie der Fruchtknoten.
Blütezeit: VI–VII. Standort: Trockenrasen, lichte Wälder; auf Kalk. Verbreitung: West-, Mittel- und Südeuropa.

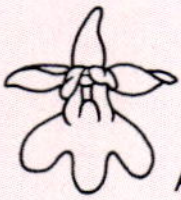
A. pyramidalis
Blüte

3 Rotes Waldvögelein Ⓢ

Cephalanthera rubra
(Knabenkrautgewächse)
Bis 50 cm hohe Pflanze. Blätter oval bis lanzettlich, 6–12 cm lang. Stengel im oberen Teil dicht mit kurzen Drüsenhaaren besetzt. Blütenstand locker, 4- bis 12blütig; Tragblätter der Blüten so lang wie der Fruchtknoten oder länger; die äußeren und die 2 oberen inneren Blütenhüllblätter 15–20 mm lang, spitz, alle glockenförmig zusammenneigend und die Lippe meist verdeckend; Lippe ungeteilt, kürzer als die übrigen Blütenhüllblätter, mit einem tiefen Einschnitt zwischen der unteren und oberen Hälfte; Sporn fehlend.
Blütezeit: VI–VII. Standort: Trockene Laub- und Kiefernwälder; auf Kalk. Verbreitung: Europa mit Ausnahme des Nordens; Westasien.

1|2

3

1 Schlangen-Knöterich

Polygonum bistorta
(Knöterichgewächse)
Bis 80 cm hohe, kahle Pflanze. Stengel aufrecht, unverzweigt mit weit entfernt voneinander stehenden Blättern. Blätter oval mit herzförmigem Grund, bis 20 cm lang, die unteren mit einem geflügelten Blattstiel, die oberen sitzend, alle am Grund mit einer den Stengel umfassenden langen Nebenblattscheide. Blütenstand eine endständige, dichte, zylindrische Ähre; Blütenhülle nicht in Kelch und Krone gegliedert, ihre 5 Blätter rosa bis rot, 4–5 mm lang. Frucht eine 4–5 mm lange, dunkelbraun glänzende 3kantige Nuß.
Blütezeit: V–VII. Standort: Feuchte Fettwiesen, Hochstaudenfluren, Erlengebüsch. Verbreitung: West- und Mitteleuropa, in Südeuropa nur in den Gebirgen; Nordasien.

2 Wasser-Knöterich

Polygonum amphibium
(Knöterichgewächse)
Mit den Blättern auf dem Wasser schwimmende, kahle Pflanze. Stengel bis 3 m lang. Blätter länglich lanzettlich, bis 20 cm lang, lang gestielt; Blattstiel am Stengel über der Mitte der Nebenblattscheide abgehend. Blütenstand eine dichte, endständige Ähre; Blütenhüllblätter zu 4 oder 5, etwa 5 mm lang. Fruchtbildung selten.
Blütezeit: VI–IX. Standort: Tümpel, Gräben, stehende Gewässer. Verbreitung: Weltweit. Hinweis: Von dieser Art gibt es eine Landform mit kürzerem Stengel und kleineren, oft behaarten Blättern, die auf nassen Lehmböden und Äckern vorkommt.

Ähnliche Arten: **Floh-Knöterich,** *P. persicaria* (Blattstiel am Stengel weit unter der Mitte der Nebenblattscheide abgehend, diese am Rande mit bis 2 mm langen Borsten besetzt, oft auch auf der Fläche behaart,

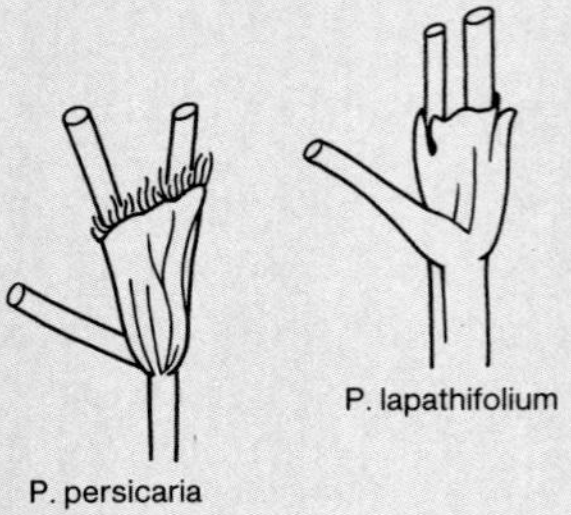

Nebenblattscheiden

Blütenhüllblätter 2,5–3 mm lang, rosa bis rot). – **Ampfer-Knöterich,** *P. lapathifolium* (wie vorige, aber Nebenblattscheide kahl oder am Rande höchstens bis 0,2 mm lang bewimpert, Blütenhüllblätter rosa oder weiß). Beide Arten in Äckern, an Schuttplätzen und schlammigen Ufern.

1

2

1 Gemeines Seifenkraut
Saponaria officinalis
(Nelkengewächse)
Bis 70 cm hohe, meist kahle Pflanze. Blätter lanzettlich, gegenständig, sitzend. Blüten in den Achseln der oberen Blätter büschelig gehäuft; Kelch röhrenförmig, 17–25 mm lang, mit 5 Zähnen; Kronblätter 30–40 mm lang, am Schlundeingang mit 2 mm langer Schuppe.
Blütezeit: VI–IX. Standort: Wegränder, Schuttplätze, Flußufer. Verbreitung: Europa; Westasien.

2 Kornrade ⊞ ▽
Agrostemma githago
(Nelkengewächse)
Bis 90 cm hohe, behaarte Pflanze. Blätter schmal, gegenständig. Blüten einzeln, endständig; Kelchzipfel länger als der verwachsene Kelchteil; Kronblätter bis 4 cm lang, kürzer als der Kelch, ungeteilt, vorne gestutzt, ohne Schuppen am Schlundeingang.
Blütezeit: VI–VII. Standort: Getreidefelder, Schuttplätze. Verbreitung: Fast weltweit.

3 Rotes Seifenkraut
Saponaria ocymoides
(Nelkengewächse)
Niedrige, verzweigte, kriechende Pflanze. Blätter schmal, gegenständig, bis 3 cm lang. Blüten am Ende der Zweige in Büscheln; Kelch verwachsen, 7–12 mm lang, drüsig behaart; Kronblätter 12–18 mm lang, am Schlundeingang mit 1 mm hoher Schuppe.
Blütezeit: IV–X. Standort: Felsige Hänge, Kiefernwälder; meist auf Kalk. Verbreitung: Mittel- und Südeuropa.

4 Kuckucks-Lichtnelke
Lychnis flos-cuculi
(Nelkengewächse)
Bis 90 cm hohe, kahle Pflanze. Blätter schmal, gegenständig. Blüten rispenartig angeordnet; Kelch 6–9 mm lang; Kronblätter 15–25 mm lang, tief 4teilig mit schmalen Zipfeln, am Schlundeingang mit 2teiliger, 3 mm hoher Schuppe.
Blütezeit: V–VIII. Standort: Feuchte Wiesen, Flachmoore. Verbreitung: Europa; Westasien.

5 Gemeine Pechnelke
Lychnis viscaria
(Nelkengewächse)
Bis 60 cm hohe, kahle Pflanze. Stengel unter den Blattknoten schwarzklebrig. Blätter schmal, spitz. Blüten rispenartig angeordnet; Kelch 11–13 mm lang; Kronblätter 18–22 mm lang, vorne ausgerandet, am Schlundeingang mit 2teiliger, 3 mm hoher Schuppe.
Blütezeit: V–VII. Standort: Trockenwiesen, lichte Wälder. Verbreitung: Europa; Westasien.

1|2

3

4|5

1 Rote Lichtnelke

Silene dioica
(Nelkengewächse)
Bis 90 cm hohe, behaarte Pflanze mit wenig verzweigtem Stengel. Blätter breit lanzettlich bis oval, sitzend, gegenständig. Blüten locker rispenartig angeordnet; Kelch 10–13 mm lang, rötlich; Kronblätter 15–25 mm lang, vorn 2teilig, am Schlundeingang mit 2teiliger, 1–2 mm hoher Schuppe.
Blütezeit: IV–IX. Standort: Auwälder, Fettwiesen, Hochstaudenfluren. Verbreitung: Europa; Westasien, Nordafrika.
Hinweis: Die Blüten sind eingeschlechtig und zweihäusig verteilt. Männliche Blüten nur mit Staubblättern, weibliche nur mit Fruchtknoten und 5 Griffeln.

S. dioica

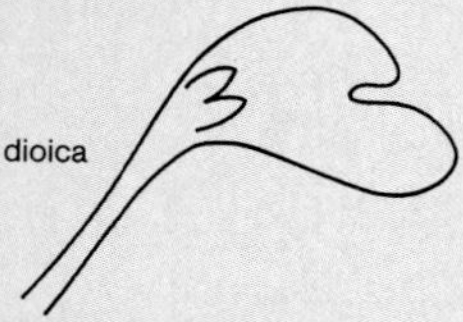

Kronblatt mit Schlundschuppe

2 Heide-Nelke

Dianthus deltoides
(Nelkengewächse)
Bis 35 cm hohe, behaarte Pflanze. Stengel im oberen Teil verzweigt. Blätter gegenständig, schmal lanzettlich. Blüten einzeln an den Ästen; Kelch röhrenförmig, 5zähnig, am Grunde von 2 Schuppen umgeben; Kronblätter genagelt, verbreiterter Teil 6–10 mm lang, purpurn mit weißen Punkten.
Blütezeit: VI–IX. Standort: Trockenwiesen, lichte Wälder, Heiden. Verbreitung: Europa; Westasien.

3 Pracht-Nelke

Dianthus superbus
(Nelkengewächse)
Bis 60 cm hohe, kahle, im oberen Teil verzweigte Pflanze. Blätter gegenständig, schmal lanzettlich, bis 8 cm lang. Blüten in lockerem, wenigblütigem Blütenstand; Kelch röhrenförmig, am Grund mit 2 Paaren ovaler, zugespitzter kurzer Schuppen; Kronblätter lila bis hellpurpurn, gegen den Schlund zu grünlich, der ausgebreitete Teil 15–35 mm lang, bis über die Mitte fein fiederartig zerschlitzt.
Blütezeit: VI–IX. Standort: Feuchte Wiesen und Heiden. Verbreitung: Fast ganz Europa; Westasien.

4 Karthäuser-Nelke

Dianthus carthusianorum
(Nelkengewächse)
Bis 45 cm hohe, kahle Pflanze mit nichtblühenden Blattrosetten und blütentragenden Trieben. Blätter sehr schmal lanzettlich, gegenständig. Blüten zu 1 bis 30 am Ende des Stengels in einem kopfartigen, von lang begrannten, lanzettlichen Blättern umgebenen Blütenstand; Kelch 14–18 mm lang, am Grund von kleinen, kurz zugespitzten Schuppen umgeben; Kronblätter vorne kurz gezähnt.
Blütezeit: VI–VIII. Standort: Trockenrasen, lichte Wälder, Felsen. Verbreitung: Mitteleuropa.

1

2

3|4

1 Akeleiblättrige Wiesenraute

Thalictrum aquilegifolium
(Hahnenfußgewächse)
Bis 1,2 m hohe, kahle, im oberen Teil verzweigte Pflanze. Blätter gestielt, 1- bis 3fach gefiedert; Teilblättchen rundlich oder oval, grob gezähnt, blaugrün. Blütenstand rispenartig, reich verzweigt, vielblütig; Kronblätter klein, 4–6 mm lang, gelbgrün; Staubblätter zahlreich, die Kronblätter weit überragend, lila, seltener weiß (durch sie erhält die Blüte ihre Farbe). Reife Früchtchen länglich, 5–7 mm lang, nüßchenartig, lang gestielt.
Blütezeit: V–VII. Standort: Feuchte Wiesen, Auwälder, Hochstaudenfluren. Verbreitung: Fast ganz Europa; Ostasien.

2 Sommer-Adonisröschen

Adonis aestivalis ▽!
(Hahnenfußgewächse)
Bis 40 cm hohe, kahle Pflanze. Blätter sitzend, dichtstehend, mehrfach fiederteilig mit schmalen, etwa 1 mm breiten Zipfeln. Blüten einzeln, endständig, 1–3,5 cm breit; Kelchblätter anliegend, zu 5, grün, kahl; Kronblätter 5 bis 8, länglich; Staubblätter zahlreich. Früchtchen dichtstehend, auf der oberen Seite gekielt, meist mit 2 Zähnen, an der Spitze mit kurzem, geradem Schnabel.
Blütezeit: V–VII. Standort: Getreideäcker; meist auf Kalk. Verbreitung: Südeuropa; Asien; bei uns als Ackerunkraut.
Ähnliche Art: **Flammen-Adonisröschen,** *A. flammea* (Stengel am Grunde weich behaart, Kelchblätter außen behaart, Früchtchen auf der Unterseite mit einem deutlichen Zahn, seitlich unter der Spitze mit einem gekrümmten Schnabel).

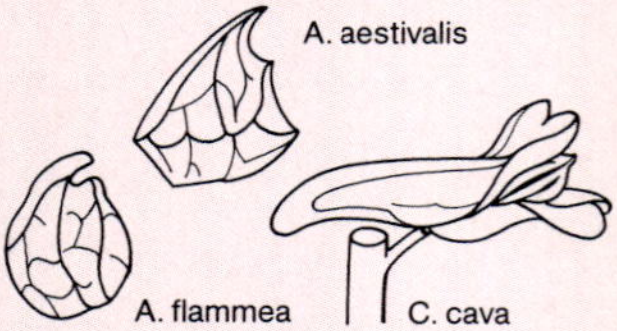

Früchtchen und Blüte

3 Hohler Lerchensporn

Corydalis cava
(Erdrauchgewächse)
Bis 20 cm hohe, kahle, unverzweigte Pflanze. Stengel meist mit 2 Blättern. Blätter gestielt, 2mal 3teilig mit mehrteiligen und gezähnten Abschnitten. Blüten in einer dichten Traube; Tragblätter oval, ganzrandig; Kelchblätter klein, 0,5 mm lang; Krone 2lippig, am Grunde mit einem an der Spitze abwärts gekrümmten Sporn, der so lang ist wie der Rest der Blüte.
Blütezeit: III–V. Standort: Laubwälder, Parks. Verbreitung: Mitteleuropa.
Ähnliche Art: **Gefingerter Lerchensporn,** *C. solida* (Tragblätter der Blüten an der Spitze fingerig geteilt, Kelchblätter fehlen).

1

2|3

1 Gemeiner Erdrauch

Fumaria officinalis
(Erdrauchgewächse)
Bis 30 cm hohe, kahle Pflanze. Stengel schwach, aufrecht, verzweigt, oft fast klimmend. Blätter gestielt, blaugrün, 2fach gefiedert; Teilblättchen mit tief geteilten Abschnitten, ihre Zipfel 3- bis 4mal so lang wie breit. Blütenstand 10- bis 50blütig, in den Achseln der oberen Blätter; Tragblätter klein, ½ bis ⅔ so lang wie die Fruchtstiele; Kelchblätter 2, seitlich an der Blüte, gezähnt, 1,5–2 mm lang; Krone 6–9 mm lang, 2lippig, am Grunde mit einem dicken, stumpfen Sporn. Frucht eine gestielte, fast kugelige, an der Spitze eingedrückte Nuß von 2–3 mm Durchmesser.
Blütezeit: IV–X. Standort: Äkker, Gärten, Weinberge. Verbreitung: Europa; Westasien, Nordafrika.
Ähnliche Art: **Buschiger Erdrauch,** *F. vaillantii* (Blattzipfel 4- bis 6mal so lang wie breit, Kelchblätter 0,5–1 mm lang, blaßrosa, Frucht kugelig mit kleinem Spitzchen, Fruchtstiel kaum länger als das Tragblatt), an ähnlichen Standorten.

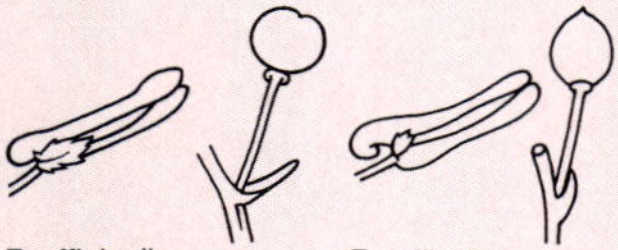

Blüten und Früchte

2 Klatsch-Mohn

Papaver rhoeas
(Mohngewächse)
Bis 70 cm hohe, anliegend oder abstehend behaarte Pflanze. Blätter fiederteilig mit gezähnten Abschnitten. Blüten einzeln endständig, in der Knospe nikkend, zur Blütezeit aufrecht; Kelchblätter 2, borstig behaart, bei der Blütenentfaltung abfallend; Kronblätter 4, rot, am Grund mit schwarzem Fleck, bis 4 cm lang; Staubblätter zahlreich. Frucht eine kugelige Kapsel, an der Spitze mit 8 bis 18 scheibenförmig verwachsenen Narbenstrahlen, darunter ebensovielen Öffnungsporen.
Blütezeit: V–VII. Standort: Getreidefelder, Schuttplätze. Verbreitung: Fast weltweit.

Kapseln

Ähnliche Art: **Saat-Mohn,** *P. dubium* (Kronblätter 1–2 cm lang, Fruchtknoten und Frucht länglich, in eine Art Stiel verschmälert, Narbenstrahlen nur 6 bis 9), an ähnlichen Standorten.

1

2

1 Finger-Zahnwurz

Cardamine pentaphyllos
(Kreuzblütler)
Bis 60 cm hohe, kahle Pflanze mit aufrechtem, unverzweigtem Stengel. Grundblätter fehlen zur Blütezeit; Stengelblätter wechselständig, gestielt, mit 5 sternförmig angeordneten, am Rand gezähnten Blättchen. Blütenstand vor dem Aufblühen nickend; Kelchblätter 7–9 mm lang, kahl; Kronblätter 15–25 mm lang, violett; Staubblätter kürzer als die Krone; Staubbeutel gelb. Frucht eine 4–7 cm lange, bis 5 mm breite Schote.
Blütezeit: IV–VI. Standort: Laubmischwälder, Hochstaudenfluren, Bachschluchten. Verbreitung: Bergländer und Gebirge Mittel- und Südeuropas.

2 Zwiebel-Zahnwurz

Cardamine bulbifera
(Kreuzblütler)
Bis 60 cm hohe, nur am Stengelgrund behaarte, sonst kahle Pflanze. Stengel aufrecht, unverzweigt. Grundblätter fehlen zur Blütezeit; untere Stengelblätter gefiedert, mit 3 bis 7 am Rand gezähnten Blättchen, oft in Quirlen angeordnet; obere Stengelblätter ungeteilt, gezähnt, in den Achseln mit kleinen, braunvioletten Zwiebeln (Brutknospen), die später abfallen und zu neuen Pflanzen auswachsen; Kelchblätter 6–7 mm lang, kahl; Kronblätter 12–20 mm lang, violett, rosa oder weißlich; Staubbeutel gelb. Frucht meist nicht entwikkelt.
Blütezeit: V–VI. Standort: Laubwälder, vor allem Buchenwälder. Verbreitung: Große Gebiete Europas; Kleinasien.

3 Wiesen-Schaumkraut

Cardamine pratensis
(Kreuzblütler)
Bis 30 cm hohe, fast völlig kahle Pflanze. Grundblätter in Rosetten, gestielt, gefiedert, mit 4 bis 14 rundlichen seitlichen Blättchen und etwas größerem, bis 1,5 cm breitem Endblättchen; Stengelblätter sitzend, mit schmalen, linealischen, sitzenden Blättchen. Blüten 4zählig, bis 1 cm breit; Kelchblätter 2,8–4 mm lang; Kronblätter 8–13 mm lang, blaßrosa oder weiß. Frucht 2–4 cm lang, 1–1,5 mm breit.
Blütezeit: V–VII. Standort: Feuchte Wiesen, Gebüsche, Auwälder. Verbreitung: Fast ganz Europa; Asien, Nordamerika.

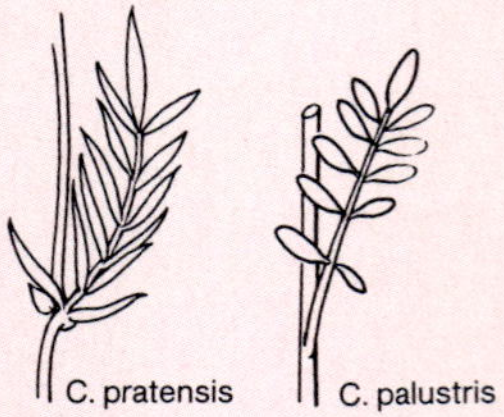

Stengelblätter

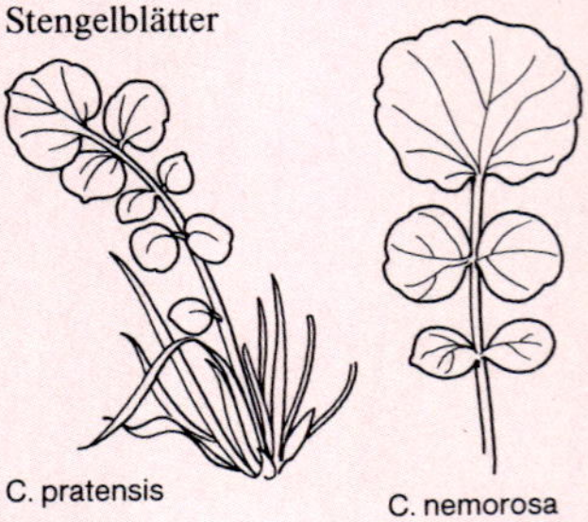

Grundblätter

Ähnliche Arten: **Sumpf-Schaumkraut,** *C. palustris* (Kelchblätter 4–6 mm lang, Blättchen der Stengelblätter gestielt). – **Hain-Schaumkraut,** *C. nemorosa* (Grundblätter mit großem Endblättchen, Kronblätter kräftig rosa).

1

2|3

1 Dach-Hauswurz Ⓢ

Sempervivum tectorum
(Dickblattgewächse)
Bis 50 cm hohe Pflanze mit drüsigem und wollig behaartem, beblättertem Stengel und 2–5 cm breiten, offenen Rosetten. Rosettenblätter blaugrün, kahl, am Rand gewimpert, gegen die Spitze zu rötlich. 12 bis 16 Kronblätter, 9–11 mm lang, purpurrosa mit dunkleren Streifen; Staubfäden purpurn.
Blütezeit: VI–IX. Standort: Felshänge, Mauern, Dächer, Trockenrasen. Verbreitung: Fast ganz Europa.

2 Großer Wiesenknopf

Sanguisorba officinalis
(Rosengewächse)
Bis 90 cm hohe Pflanze mit wenig beblättertem Stengel. Blätter gefiedert, mit grob gezähnten Blättchen; Grundblätter in Rosetten; Stengelblätter wechselständig, kleiner. Blüten braunrot, klein, ohne Kronblätter, in eiförmig kugeligen Blütenständen.
Blütezeit: VI–IX. Standort: Wiesen, Gräben, Wegränder. Verbreitung: Fast ganz Europa; ostwärts bis Japan.

3 Sumpf-Blutauge

Potentilla palustris
(Rosengewächse)
Bis 30 cm hohe Pflanze. Blätter am Stengel verteilt, gefiedert, mit 5 bis 7 Blättchen, oberseits dunkelgrün, unterseits blaugrün, behaart. Blüten gestielt, 5zählig, dunkel purpurrot, in lockeren Blütenständen; Kelchblätter kronblattähnlich, eiförmig zugespitzt; Kronblätter viel kleiner.
Blütezeit: VI–VIII. Standort: Moore, Sümpfe; meidet Kalk. Verbreitung: Fast ganz Europa; Nordasien, Nordamerika.

4 Hasen-Klee

Trifolium arvense
(Schmetterlingsblütler)
Bis 40 cm hohe, grau behaarte Pflanze. Blätter 3zählig. Blütenstände länglich eiförmig, 1–3 cm lang, 1 cm breit, gestielt, wollig behaart; Krone 3–4 mm lang, kürzer als der Kelch, zunächst weiß, später rosa.
Blütezeit: V–VIII. Standort: Wegränder, Äcker, lückige Rasen; auf kalkarmen Böden. Verbreitung: Europa; fast weltweit.

5 Hügel-Klee

Trifolium alpestre
(Schmetterlingsblütler)
Bis 40 cm hohe Pflanze mit anliegend behaartem Stengel. Blätter 3teilig; Blättchen schmal, bis 8 cm lang, oberseits kahl, unterseits behaart. Blütenstände kugelig eiförmig, kaum gestielt, von den obersten Blättern umgeben; Kelch 20nervig, Blüten 10–15 mm lang.
Blütezeit: VI–VIII. Standort: Gebüsche, lichte Wälder, trockene Wiesen. Verbreitung: Fast ganz Europa.

1

2|3

4|5

1 Dornige Hauhechel

Ononis spinosa
(Schmetterlingsblütler)
Bis 50 cm hohe Pflanze mit in 1 bis 2 Reihen behaartem, sonst kahlem Stengel. In den Blattachseln meist paarweise Dornen. Untere Blätter 3teilig, obere oft ungeteilt. Blüten kurz gestielt, meist einzeln in den Achseln der oberen Stengelblätter; Krone 1–2,5 cm lang. Blütezeit: VII–X. Standort: Trockenrasen, Ödland, Wegränder; meist auf Kalk. Verbreitung: Mitteleuropa.

2 Saat-Esparsette

Futter-Esparsette
Onobrychis viciifolia
(Schmetterlingsblütler)
Bis 60 cm hohe Pflanze mit aufrechtem, beblättertem Stengel. Blätter bis 15 cm lang, gefiedert, Blättchen elliptisch bis länglich, unterseits behaart. Blüten rosa bis rot; Kronblätter dunkel geadert, bis 15 mm lang. Frucht halbkreisförmig, bis 10 mm lang, am Rand gezähnt. Blütezeit: V–VII. Standort: Wiesen, Wegränder, Äcker; auf Kalk. Verbreitung: Fast ganz Europa.

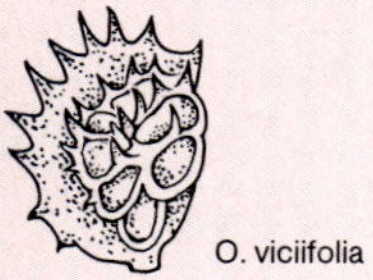

Frucht

3 Bunte Kronwicke

Coronilla varia
(Schmetterlingsblütler)
Bis 80 cm hohe, fast kahle Pflanze. Stengel niederliegend oder an anderen Pflanzen aufsteigend. Blätter gestielt, gefiedert, mit 11 bis 25 Blättchen; Blättchen eiförmig mit aufgesetzter Spitze. Blütenstände lang gestielt; Blüten in Knospen nickend, beim Aufblühen waagerecht abstehend; Krone 0,8–1,5 cm lang; Fahne rosa bis hell violett; Flügel weiß; Schiffchen mit dunkelvioletter Spitze. Frucht aufrecht abstehend, 2–8 cm lang, stumpf 4kantig, gegliedert.
Blütezeit: V–X. Standort: Trockene Wiesen, Wegränder, Gebüsche, Ödland; auf Kalk. Verbreitung: Fast ganz Europa; Kaukasus, Kleinasien.

4 Vogel-Wicke

Vicia cracca
(Schmetterlingsblütler)
Bis 1,5 m hohe Pflanze mit niederliegendem oder kletterndem Stengel. Blätter gefiedert, mit 10 bis 20 Blättchen, am Ende mit verzweigten Ranken. Blütenstände lang gestielt, reichblütig; Krone 0,8–1,1 cm lang; Stiel (Nagel) der Fahne ¾- bis 1¼mal so lang wie der obere Teil (Platte); Kelch vorne schräg abgesetzt, wenig behaart.
Blütezeit: VI–IX. Standort: Wiesen, Äcker, Gebüsch, Waldränder. Verbreitung: Europa; Asien.

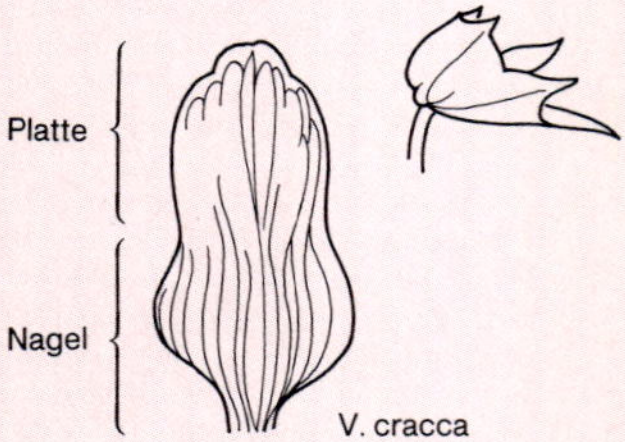

Kelch und Fahne

1|2

3

4

1 Zaun-Wicke

Vicia sepium
(Schmetterlingsblütler)
Bis 50 cm hohe, fast kahle Pflanze. Blätter gefiedert, die untersten ohne, alle anderen mit verzweigten Ranken; Blättchen breit elliptisch, am Rand und unterseits behaart. Blüten in kurz gestielten, bis 4blütigen Trauben in den Blattachseln; Krone bis 15 mm lang; Kelchöffnung schief; Kelchzähne ungleich lang. Früchte bis 4 cm lang, glänzend schwarz.
Blütezeit: V–VII. Standort: Wiesen, Gebüsche, Wälder. Verbreitung: Fast ganz Europa; West- und Mittelasien.

2 Futter-Wicke

Vicia sativa
(Schmetterlingsblütler)
Bis 50 cm hohe, schwach behaarte Pflanze. Blätter gefiedert mit eiförmigen Blättchen und an der Spitze mit verzweigter Ranke; Nebenblätter gezähnt. Blüten einzeln, fast sitzend in den Blattachseln; Krone 1,5–2 cm lang, rosa bis rotviolett; Kelchzähne so lang wie die Röhre. Früchte bis 7 cm lang, braun.
Blütezeit: VI–IX. Standort: Äcker, Wegränder. Verbreitung: Fast ganz Europa; als Futterpflanze angebaut und fast weltweit verbreitet.

3 Knollen-Platterbse

Lathyrus tuberosus
(Schmetterlingsblütler)
Bis 1 m hohe, fast kahle Pflanze mit niederliegendem oder kletterndem Stengel. Blätter mit 2 Blättchen und einfacher oder verzweigter Ranke; Blättchen elliptisch, parallelnervig. Blütenstand lang gestielt, 3- bis 5blütig; Krone 1,3–1,8 cm lang; Kelch kahl; Kelchzähne ungleich lang.
Blütezeit: VI–VIII. Standort: Felder, Wegränder, Ödland. Verbreitung: Fast ganz Europa; ostwärts bis Zentralasien und Sibirien.

4 Frühlings-Platterbse

Lathyrus vernus
(Schmetterlingsblütler)
Bis 30 cm hohe, fast kahle Pflanze. Stengel aufrecht, unverzweigt. Blätter gefiedert, mit 4 bis 8 Blättchen und kurzer Spitze am Blattende; Blättchen breit lanzettlich, fiedernervig. Blütenstand lang gestielt; Blüten nickend; Krone 1,5–2 cm lang, zunächst rot, dann blau, zuletzt grünblau; Kelchzähne ungleich lang. Frucht bis 6 cm lang, linealisch, kahl.
Blütezeit: IV–V. Standort: Laubwälder; auf Kalk. Verbreitung: Fast ganz Europa; ostwärts bis zum Kaukasus, Sibirien.

1

2|3

4

1 Blut-Storchschnabel

Geranium sanguineum
(Storchschnabelgewächse)
Bis 60 cm hohe, abstehend behaarte Pflanze. Stengel niederliegend bis aufsteigend, gabelig verzweigt. Blätter am Stengel gegenständig, fast bis zum Grund 7teilig, Abschnitte tief zerteilt; Nebenblätter klein. Blüten oft einzeln, lang gestielt; Blütenstiele und Kelchblätter drüsenhaarig; Kelchblätter 8–12 mm lang, mit aufgesetzter Spitze; Kronblätter unregelmäßig abgerundet. Frucht 3–4 cm lang.
Blütezeit: V–IX. Standort: Felshänge, Trockenrasen, Gebüsche, Waldränder. Verbreitung: Fast ganz Europa; Kaukasus, Kleinasien.

2 Ruprechtskraut

Geranium robertianum
(Storchschnabelgewächse)
Bis 50 cm hohe, unangenehm riechende, zerstreut behaarte Pflanze. Blätter am Stengel gegenständig, im Umriß 3- bis 5eckig, bis zum Grund 3- bis 5teilig, Abschnitte tief zerteilt. Blüten meist paarweise, kurz gestielt; Blütenstiele und Kelch mit drüsenlosen und drüsigen Haaren; Kelchblätter 6–8 mm lang, aufrecht, mit aufgesetzter Spitze; Kronblätter 9–12 mm lang, vorn abgerundet; Staubbeutel orange. Frucht 1,5–2,5 cm lang.
Blütezeit: V–X. Standort: Wälder, Gebüsche, Schlagfluren, Mauern. Verbreitung: Europa; fast ganz Asien, Nordamerika, Nordafrika.

3 Rundblättriger Storchschnabel

Geranium rotundifolium
(Storchschnabelgewächse)
Bis 40 cm hohe, abstehend drüsig behaarte Pflanze. Blätter rundlich, bis zur Mitte 5- bis 9teilig, Abschnitte gezähnt. Blüten paarweise, kurz gestielt; Kronblätter 5–6,5 mm lang. Frucht 1,5–2 cm lang.
Blütezeit: VI–VII. Standort: Trockene Lagen, Wegränder, Mauern. Verbreitung: Süd- und Mitteleuropa.
Ähnliche Art: **Kleiner Storchschnabel,** *G. pusillum* (mit tiefer geteilten Blättern und kleinen, nur 2,5–4 mm langen Kronblättern), in fast ganz Europa.

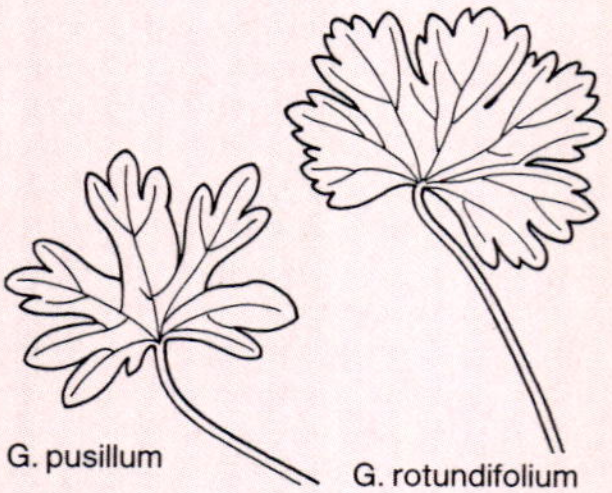

Blätter

4 Gemeiner Reiherschnabel

Erodium cicutarium
(Storchschnabelgewächse)
Bis 40 cm hohe, behaarte Pflanze. Blätter bis zum Mittelnerv fiederteilig, Abschnitte tief zerteilt. Blütenstände lang gestielt, am Grund mit einer weißhäutigen Blatthülle; Kelchblätter 4–7 mm lang, mit kurzer, aufgesetzter Spitze; Kronblätter 5–9 mm lang, die oberen meist am Grund dunkel gefleckt. Frucht 3–4 cm lang.
Blütezeit: V–X. Standort: Äcker, Wegränder, Schuttplätze, Trockenrasen. Verbreitung: Fast weltweit.

1

2|3

4

1 Klebriger Lein

Linum viscosum
(Leingewächse)
Bis 60 cm hohe, kurz behaarte Pflanze mit dicht beblättertem Stengel. Blätter lanzettlich, 3- bis 5nervig, am Rand drüsig gewimpert. Kelchblätter 6–9 mm lang, lanzettlich, am Rand drüsig gewimpert; Kronblätter bis 25 mm lang, rosa, verwelkt blau. Frucht rundlich, 3,5–4,5 mm lang.
Blütezeit: V–VII. Standort: Trockenrasen, Waldränder. Verbreitung: Große Gebiete Europas.

2 Diptam

Dictamnus albus
(Rautengewächse)
Bis 1,2 m hohe, nach Zimt riechende, vor allem oben mit zahlreichen schwarzen Drüsenpunkten versehene, abstehend behaarte Pflanze. Blätter gestielt, gefiedert, mit 7 bis 11 fein gezähnten Blättchen. Blüten am Stengelende, schwach zygomorph, bis 5 cm breit, 5teilig; Kelchblätter 6–8 mm lang; Kronblätter 2–3 cm lang, rosa mit dunkleren Adern, 4 nach oben gerichtet, das unterste abwärts gebogen. Frucht 1 cm lang, 5teilig.
Blütezeit: V–VI. Standort: Trockenhänge, lichte Wälder, Gebüsche. Verbreitung: Mittel- und Südeuropa; Asien.
Interessantes zur Biologie: Der Diptam enthält – wie alle Rautengewächse, zu denen auch die Zitrusfrüchte gehören – sehr viel ätherische Öle, die an heißen Tagen in solcher Menge abgegeben werden, daß die Luft im ganzen Bestand davon erfüllt ist. Es ist dies ein wirksamer Schutz gegen zu große Wasserverdunstung.

3 Wilde Malve

Malva sylvestris
(Malvengewächse)
Bis 1,2 m hohe Pflanze. Stengel niederliegend oder aufsteigend. Blätter gestielt, höchstens auf ⅓ (3-) 5- bis 7teilig, Blattlappen eiförmig, gezähnt. Blüten in Büscheln in den Blattachseln; 5 Kelchblätter, bis zur Mitte verwachsen; 2 bis 3 freie Außenkelchblätter; Kronblätter 2–3 cm lang, tief ausgerandet, mit dunklen Nerven. Frucht etwa 1 cm breit; Teilfrüchte auf dem Rücken mit unregelmäßig eckigen Grübchen, an den Seiten mit undeutlichen radiären Streifen.
Blütezeit: V–IX. Standort: Wegränder, Ödplätze, Straßenböschungen, Äcker. Verbreitung: Fast weltweit.

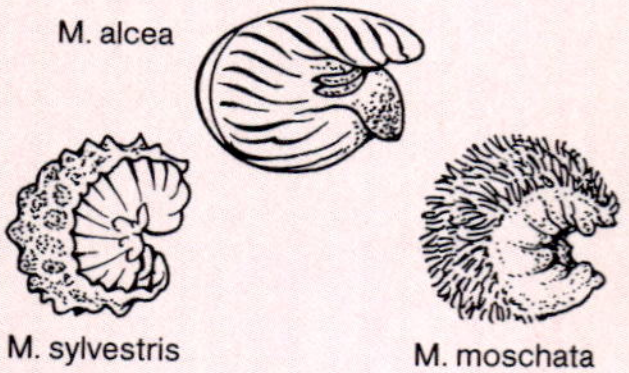

Teilfrüchte

Ähnliche Arten: **Siegmarswurz,** *M. alcea* (Stengelblätter fast bis zum Grund zerteilt, Teilfrüchte kahl, auf dem Rücken mit Längsrippe, Seiten runzelig). – **Moschus-Malve,** *M. moschata* (Stengelblätter fast bis zum Grund zerteilt, Teilfrüchte auf dem Rücken dicht behaart, glatt, Seiten glatt).

1|2

3

1 Heideröschen ⊞ Ⓢ ▽

Rosmarin-Seidelbast
Daphne cneorum
(Seidelbastgewächse)

Bis 30 cm hoher Zwergstrauch mit sparrig verzweigten, anliegend behaarten Ästchen. Blätter schmal keilförmig bis spatelförmig, stumpf, lederig, mehrere Jahre an der Pflanze bleibend, auf beiden Seiten dunkelgrün, gleichmäßig über die Zweige verteilt. Blüten in Büscheln an den Zweigenden; ohne Kronblätter (als Blüte wirkt der rosarote, röhrenförmige Kelch mit 4 ausgebreiteten Kelchzipfeln); Kelchröhre außen dicht anliegend behaart. Frucht behaart.

Blütezeit: V–VIII. Standort: Trockenhänge, Heidewiesen, lichte Kiefernwälder; meist auf Kalk. Verbreitung: Mittel- und Südeuropa.

Ähnliche Art: **Steinröschen,** *D. striata* (Kelchröhre außen kahl, zart gestreift, Blätter an den Zweigenden gehäuft), in den Kalkgebieten der Alpen.

2 Blutweiderich

Lythrum salicaria
(Weiderichgewächse)

Bis 2 m hohe, abstehend behaarte Pflanze. Stengel aufrecht, kantig, beblättert. Blätter bis 10 cm lang, lanzettlich, sitzend, am Grund abgerundet, die untersten gegenständig oder in 3zähligen Quirlen, die mittleren wechselständig oder gegenständig, die oberen wechselständig. Blütenstände meist mehr als 10 cm lang; Blüten sehr kurz gestielt, in Gruppen in den Achseln von Tragblättern; Kelch 5–7 mm lang, 12rippig; 6 Kelchzähne und dazwischen längere, ähnliche Gebilde (Außenkelch); 6 Kronblätter, 8–12 mm lang, purpurrot, violett, gelegentlich rosa oder selten weiß; 12 Staubblätter.

Blütezeit: VI–IX. Standort: Flachmoore, Gräben, Ufer, Verlandungsgesellschaften.

Verbreitung: Fast ganz Europa; ostwärts bis Japan, Nordafrika.

Interessantes zur Biologie: Beim Blutweiderich sind seit langem Sippen mit unterschiedlich langen Griffeln und Staubblättern bekannt (»Heterostylie«, auch von Primeln bekannt). Man unterscheidet lang-, mittel- und kurzgriffelige Sippen, bei denen unterschiedliche Kombinationen mit Staubblattlängen vorkommen. Die kurzgriffeligen Sippen haben in einer Blüte nur mittellange und lange Staubblätter, die mittelgriffeligen Sippen haben in einer Blüte nur kurze und lange Staubblätter, die langgriffeligen Sippen haben in einer Blüte nur kurze und mittellange Staubblätter. Diese Aufteilung verlangt Fremdbestäubung, denn: Der Samenansatz ist nur gut, wenn auf die Narbe Blütenstaub von einem Staubbeutel kommt, der auf gleicher Höhe steht (zum Beispiel von kurzem Staubblatt auf kurzen Griffel). Auf einer Pflanze ist jeweils nur eine Kombination der genannten Längenverhältnisse vorhanden.

1

2

1 Schmalblättriges Weidenröschen

Epilobium angustifolium
(Nachtkerzengewächse)
Bis 1,8 m hohe Pflanze mit aufrechtem, beblättertem Stengel. Blätter wechselständig, lanzettlich, mehrnervig, bis 15 cm lang, bis 2 cm breit, mit nach unten gebogenem Rand, oberseits dunkelgrün, unterseits blaugrün. Blüten 4zählig, bis 3 cm breit, schwach zygomorph, in einer endständigen Traube; Kelchblätter schmal, fast so lang wie die Kronblätter, rötlich; Kronblätter ungleich groß, rundlich, ausgebreitet. Kapsel bis 5 cm lang, kurz behaart, oft rot überlaufen.
Blütezeit: VI–IX. Standort: Waldschläge, Wegränder, Hochstaudenfluren, Ufer, Schuttplätze, Gebüsche. Verbreitung: Fast ganz Europa; Asien, Nordamerika.

2 Rauhhaariges Weidenröschen

Epilobium hirsutum
(Nachtkerzengewächse)
Bis 1,5 m hohe, dicht abstehend behaarte Pflanze mit meist rundem, im Blütenstand drüsig behaartem, beblättertem Stengel. Blätter lanzettlich bis elliptisch, gezähnt, in der unteren Stengelhälfte gegenständig, oft stengelumfassend, nach oben zu wechselständig. Blüten einzeln in den Achseln der oberen Stengelblätter; 4 Kelchblätter, 8–10 mm lang, allmählich zugespitzt; 4 Kronblätter, 12 bis 18 mm lang, vorn ausgerandet; Staubblätter und Griffel aufrecht; Narben sternförmig abstehend. Frucht bis 5 cm lang.
Blütezeit: VI–IX. Standort: Bach- und Flußufer, Gräben, Hochstaudenfluren. Verbreitung: Fast ganz Europa; große Gebiete Asiens, Nordafrika.

3 Berg-Weidenröschen

Epilobium montanum
(Nachtkerzengewächse)
Bis 1 m hohe Pflanze. Stengel im oberen Teil verzweigt und dort mit abstehenden Drüsenhaaren bedeckt. Blätter lanzettlich bis elliptisch, gezähnt, in der unteren Stengelhälfte gegenständig, fast sitzend. Blüten einzeln in den Achseln der oberen Stengelblätter; Kelchblätter spitz; Kronblätter 8–12 mm lang, vorn ausgerandet. Frucht mit gebogenen, anliegenden Haaren und mit abstehenden Drüsenhaaren besetzt.
Blütezeit: VII–IX. Standort: Wälder, Hecken, Gärten. Verbreitung: Fast ganz Europa; ostwärts bis Sibirien.
Ähnliche Arten: **Hügel-Weidenröschen,** *E. collinum* (mit stumpfen Kelchblättern, 4 bis 6 mm langen Kronblättern und drüsenlosen Früchten). – **Lanzettblättriges Weidenröschen,** *E. lanceolatum* (mit deutlichen, 4–10 mm langen Blattstielen).

1

2|3

1 Schnee-Heide

Erica herbacea

(Heidekrautgewächse)

Bis 30 cm hoher Zwergstrauch mit kahlen Zweigen. Blätter 0,6–1 cm lang, nadelartig, immergrün, in 4zähligen Quirlen. Blüten in einseitswendigen Trauben; Krone schmal glokkenförmig, bis 5 mm lang; Kelchblätter rötlich, trockenhäutig, etwa halb so lang wie die Krone; Staubbeutel dunkelbraun, ohne Anhängsel, aus der Krone ragend.

Blütezeit: III–VI. Standort: Lichte Kiefernwälder, Latschengebüsche, Felshänge, Rasen; meist auf Kalk. Verbreitung: Kalkgebiete der Alpen, in Flußtälern und Heidewiesen bis weit ins Alpenvorland; Tatra, Apennin, Slowenien.

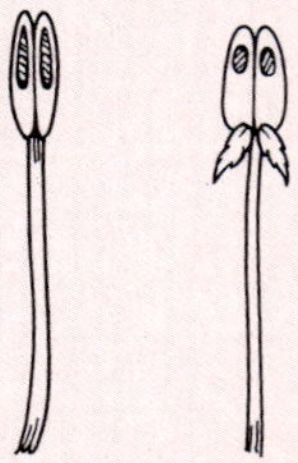

Staubbeutel

2 Glocken-Heide

Erica tetralix

(Heidekrautgewächse)

Bis 70 cm hoher Zwergstrauch mit dicht weißbehaarten Zweigen. Blätter 3–5 mm lang, nadelartig, immergrün, in 3- bis 4zähligen Quirlen, am Rand mit kurzen, rotköpfigen Drüsenhaaren. Blüten kopfartig gedrängt; Krone 6–8 mm lang, schmal eiförmig; Kelchblätter grün, etwa ⅓ so lang wie die Krone; Staubbeutel am Grund mit Anhängseln, in der Krone bleibend.

Blütezeit: VI–IX. Standort: Moore, nasse Sandböden; meidet Kalk. Verbreitung: Mitteleuropa.

3 Moosbeere

Vaccinium oxycoccus

(Heidekrautgewächse)

Zwergstrauch mit fadenförmigen, kriechenden, bis 1 m langen Zweigen. Blätter wechselständig, immergrün, eiförmig bis lanzettlich, bis 1 cm lang, Rand nach unten umgerollt. Blüten einzeln auf langen, fadenförmigen Stielen; Krone fast bis zum Grund geteilt, die 4 Kronzipfel rückwärts gebogen, 5–7 mm lang; 4 halbkreisförmige Kelchblätter; Staubbeutel mit röhrenförmigen Anhängseln. Frucht eine kugelige, bis 1 cm dicke, rote Beere.

Blütezeit: VI–VIII. Standort: Hochmoore. Verbreitung: Nördliches Europa; Asien, Nordamerika.

4 Heidekraut

Calluna vulgaris

(Heidekrautgewächse)

Bis 1 m hoher Strauch. Blätter immergrün, 4zeilig angeordnet, einander dachziegelartig deckend, 1–3 mm lang. Blüten in einseitswendigen Trauben; Außenkelch aus 4 grünen Hochblättern; Kelchblätter rosa, 4 mm lang, doppelt so lang wie die Kronblätter, nicht verwachsen; Kronblätter zu ⅔ verwachsen.

Blütezeit: VIII–X. Standort: Heiden, Moore, Kiefernwälder. Verbreitung: Europa.

1

2|3

4

1 Mehlprimel Ⓢ

Primula farinosa
(Primelgewächse)
Bis 30 cm hohe Pflanze mit grundständigen Blättern. Blätter jung nach rückwärts eingerollt, spatelförmig, oberseits schwach runzelig, grün, unterseits dicht mit Mehlstaub bedeckt, am Rand meist kerbig gesägt. Blüten 10–15 mm lang, auf einem oben mehlig bestäubten Schaft; Krone 5lappig, 8–15 mm breit, rosa mit gelbem Schlund; Kelch 4 bis 6 mm lang, etwa so lang wie die Kronröhre.
Blütezeit: V–VII. Standort: Flachmoore, Rasen, Felsschutt; stets auf Kalk. Verbreitung: Alpen und Alpenvorland, arktische Gebiete und Gebirge Europas, Asiens, Nordamerikas.
Ähnliche Art: **Hallers Primel,** *P. Halleri* (Blätter unterseits gelblichweiß, mehlig, Blüten 2–3 cm lang), auf Kalk in den südlichen Alpengebieten.

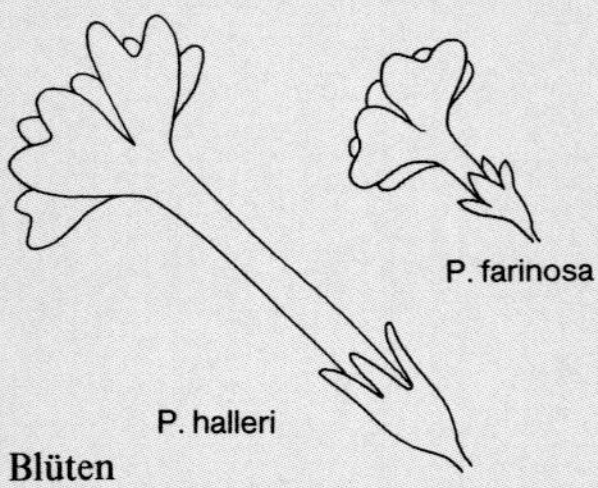

Blüten

2 Alpenveilchen Ⓢ

Cyclamen purpurascens
(Primelgewächse)
Bis 20 cm hohe Pflanze mit breit ei- bis nierenförmigen, mehrjährigen, stumpfen Blättern mit fast glattem bis schwach gezähneltem Rand, hell gefleckt, unterseits purpurn, etwas fleischig. Blüten einzeln, nickend, duftend, mit dunklem Schlundfleck; Kronlappen bis 20 mm lang, zurückgeschlagen; Blütenstiel lang, zur Fruchtzeit sich von der Spitze her einrollend.
Blütezeit: VI–IX. Standort: Wälder, Gebüsche, lückige Rasen; stets auf Kalk. Verbreitung: Bergländer Mittel- und Südeuropas.

3 Acker-Gauchheil

Anagallis arvensis
(Primelgewächse)
Bis 10 cm hohe, kahle Pflanze mit meist niederliegendem, 4kantigem Stengel. Blätter gegenständig, bis 2 cm lang, eiförmig bis lanzettlich, spitz, sitzend. Blüten einzeln in den Blattachseln, lang gestielt, 5zählig; Kelchblätter 4–5 mm lang, am Grund verwachsen; Krone 5–7 mm lang, fast bis zum Grund geteilt, meist rot, gelegentlich blau, selten rosa, mit flach ausgebreiteten, ganzrandigen, am Rand drüsig behaarten Zipfeln (Haare 3zellig). Frucht eine 4–5 mm lange Deckelkapsel.
Blütezeit: VI–X. Standort: Äkker, Schuttplätze, Ödland. Verbreitung: Fast weltweit.
Ähnliche Art: **Blauer Gauchheil,** *A. foemina* (Krone stets blau, Kronzipfel fein gezähnt, mit wenigen, 4zelligen Haaren).

1

2

3

1 Deutscher Enzian Ⓢ

Gentiana germanica
(Enziangewächse)
Bis 50 cm hohe, oft reich verzweigte Pflanze. Blätter eiförmig, spitz. Blüten meist 5zählig, im Schlund bärtig, violett; Kelch röhrenförmig mit lanzettlichen, glatten Zipfeln.
Blütezeit: V–X. Standort: Magere Wiesen, Weiden, Flachmoore. Verbreitung: Mitteleuropa und Skandinavien.
Ähnliche Art: **Feld-Enzian,** *G. campestris* (4zählige Blüten), an ähnlichen Standorten von Nordeuropa bis zu den Pyrenäen und Alpen.

2 Strandnelke

Widerstoß
Limonium vulgare
(Grasnelkengewächse)
Bis 50 cm hohe, kahle Pflanze. Blätter grundständig, gestielt, verkehrt eiförmig, knorpelrandig. Stengel verzweigt mit reichblütigen, doldenähnlichen Blütenständen. Blüten klein, rotviolett.
Blütezeit: VIII–IX. Standort: Meeresstrand, Salzwiesen. Verbreitung: Küsten fast ganz Europas und Nordafrikas.

3 Gemeine Grasnelke

Armeria maritima
(Grasnelkengewächse)
Bis 40 cm hohe Pflanze. Blätter in grundständiger Rosette, schmal linealisch, gewimpert. Stengel kahl. Blütenstand endständig, köpfchenartig; Hüllblätter unter dem Köpfchen röhrenförmig verwachsen.
Blütezeit: VI–VIII. Standort: Meeresküsten, Salzwiesen, Sandfluren; auf Schwermetallböden. Verbreitung: In mehreren Rassen in Mitteleuropa.

4 Echtes Tausendgüldenkraut Ⓢ

Centaurium minus
(Enziangewächse)
Bis 30 cm hohe, kahle Pflanze. Untere Blätter in einer Rosette angeordnet, schmal eiförmig; Stengelblätter kreuzgegenständig, oval. Blütenstand eine Trugdolde; Blüten rot, Kronzipfel eiförmig, stumpf, sternförmig ausgebreitet.
Blütezeit: VII–IX. Standort: Wiesen, Waldlichtungen, Trokkenhänge. Verbreitung: Europa; Asien, Nordafrika.
Ähnliche Art: **Ästiges Tausendgüldenkraut,** *C. pulchellum* (ohne rosettig angeordnete Grundblätter, mit reich verzweigtem Stengel und lanzettlich spitzen Kronblattzipfeln), auf feuchten Wiesen und Äkkern.

5 Strandwinde ▽

Calystegia soldanella
(Windengewächse)
Bis 15 cm hohe, kahle Pflanze mit niederliegenden, kaum windenden Stengeln. Blätter wechselständig, nierenförmig, etwas fleischig. Blüten gestielt, am Grunde von 2 eiförmigen, stumpfen Vorblättern gestützt; Blütenkrone bis 5 cm breit, trichterförmig, rötlich mit 5 weißen Streifen.
Blütezeit: VI–VIII. Standort: Dünen am Meeresstrand. Verbreitung: Küsten fast ganz Europas.

1

2|3

4|5

1 Eisenkraut ▽

Verbena officinalis
(Eisenkrautgewächse)
Bis 80 cm hohe Pflanze. Stengel 4kantig, oben verzweigt, an den Kanten rauhhaarig, sonst kahl. Blätter gegenständig, die unteren kaum geteilt, nur grob gezähnt, die mittleren 3- und mehrfach fiederteilig, die oberen wieder nur gezähnt. Blütenstände ährenförmig, dünn und lockerblütig, ihre Achse und der Kelch drüsig behaart; Krone 3–5 mm lang, im unteren Teil röhrenförmig, oben mit flach ausgebreitetem, 2lippigem, 5teiligem Rand; Kelch röhrenförmig mit 4 bis 5 Zähnen, 2 mm lang.
Blütezeit: VII–IX. Standort: Wegränder, Ödland, Schuttplätze, Weiden. Verbreitung: Fast ganz Europa; große Gebiete Asiens, Nordafrika.

V. officinalis
Blüte

Hinweis: Diese Art bevorzugt etwas stickstoffhaltige Böden mit wenig Konkurrenz und war früher eine kennzeichnende Art der Säume entlang von Gartenzäunen oder auf Dorfangern. Im Zuge der fortschreitenden »Dorfverschönerung« mit Gehsteigen und Asphaltstraßen und der Kultivierung lückiger Rasen wird die Art bei uns immer seltener.

2 Edel-Gamander

Teucrium chamaedrys
(Lippenblütler)
Bis 30 cm hohe Pflanze mit am Grund verholzenden Stengeln. Stengel behaart. Blätter beim Reiben würzig riechend, eiförmig, gezähnt, im Blütenstand höchstens so lang wie die Blüten. Blütenstand einseitswendig; Blüten meist zu mehreren in den Achseln der oberen Blätter, kurz gestielt; Kelch 6–8 mm lang, ziemlich gleichmäßig 5zähnig, undeutlich 2lippig, behaart; Krone 1 bis 1,5 cm lang, scheinbar nur mit Unterlippe (Oberlippe 2teilig, die Teile seitlich herabgerückt → Zeichnung Seite 76/2).
Blütezeit: VII–VIII. Standort: Felshänge, Trockenrasen, lichte Wälder. Verbreitung: Große Gebiete Europas; Kleinasien, Nordafrika.

3 Schmalblättriger Hohlzahn

Galeopsis angustifolia
(Lippenblütler)
Bis 30 cm hohe Pflanze. Blätter schmal lanzettlich, ganzrandig oder wenig gezähnt, zerstreut behaart. Blüten in quirlartigen Blütenständen in den Achseln der oberen Blätter; Tragblätter stachelig zugespitzt; Kelch schmal glockenförmig, 10nervig, mit 5 gleich langen, spitzen Zähnen; Krone mit nach vorn erweiterter Röhre, 1–2 cm lang; Oberlippe ganzrandig, helmförmig; Unterlippe 3lappig; mittlerer Teil 2teilig, auf jeder Seite am Grund mit einem hohlen »Zahn«.
Blütezeit: VI–X. Standort: Schutthalden, Bahngeleise, steinige Äcker, Kiesgruben. Verbreitung: Große Gebiete Europas, vor allem im Süden.

1

2|3

1 Gefleckte Taubnessel

Lamium maculatum
(Lippenblütler)
Bis 50 cm hohe Pflanze. Stengel 4kantig. Blätter gestielt, gegenständig, eiförmig, gezähnt. Kelch schmal glockenförmig, 5nervig; Krone 2–3 cm lang, Kronröhre nach oben gebogen; Unterlippe 3teilig, gefleckt.
Blütezeit: IX–X. Standort: Wälder, Gebüsche, Wegränder, Schuttplätze. Verbreitung: Fast ganz Europa; West- und Kleinasien.

2 Rote Taubnessel

Lamium purpureum
(Lippenblütler)
Bis 20 cm hohe Pflanze. Stengel 4kantig. Blätter gegenständig, gestielt, herzförmig, gezähnt. Kelch schmal glockenförmig; Krone 0,8–1,2 cm lang, mit enger, gerader Röhre; Unterlippe 3teilig, ihre Seitenteile mit fadenartigem Zahn; Staubbeutel violett, weiß behaart.
Blütezeit: IV–X. Standort: Äkker, Gärten, Schuttplätze, Tongruben. Verbreitung: Europa; Asien.

3 Echter Ziest

Stachys officinalis
(Lippenblütler)
Bis 70 cm hohe Pflanze, zur Blütezeit mit sterilen Blattrosetten. Blätter gestielt, schmal eiförmig mit herzförmigem Grund, gekerbt. Kelch 5–7 mm lang; Krone 1–1,5 cm lang; Oberlippe flach, von der Seite gesehen fast gerade; Staubblätter gerade vorgestreckt.
Blütezeit: VII–IX. Standort: Trockenrasen, Streuwiesen, lichte Wälder. Verbreitung: Fast ganz Europa; Westasien, Nordafrika.

4 Sumpf-Ziest

Stachys palustris
(Lippenblütler)
Bis 1 m hohe Pflanze. Stengel 4kantig, spärlich behaart. Blätter mit herzförmigem Grund sitzend oder sehr kurz gestielt, schmal lanzettlich. Kelch 7 bis 10 mm lang, glockenförmig, kurz behaart; Krone 14–17 mm lang, außen kurz behaart; Oberlippe ganzrandig, helmartig gewölbt; Unterlippe 3teilig, dunkel gefleckt; Staubblätter nach seitwärts außen gebogen.
Blütezeit: VI–IX. Standort: Ufer, nasse Wiesen, Gräben, nasse Äcker. Verbreitung: Fast ganz Europa; Asien, Nordamerika.

5 Wald-Ziest

Stachys sylvatica
(Lippenblütler)
Bis 1 m hohe Pflanze. Stengel 4kantig, abstehend behaart, unangenehm riechend. Blätter gestielt, eiförmig, grob und spitz gezähnt. Kelch dicht behaart, 4–7 mm lang; Krone 1,2–1,5 cm lang, rotbraun, außen behaart; Unterlippe 3teilig, dunkel gezeichnet.
Blütezeit: VI–IX. Standort: Wälder, Gebüsche, Waldschläge. Verbreitung: Fast ganz Europa; große Gebiete Asiens.
Ähnliche Art: **Alpen-Ziest,** *S. alpina* (Krone außen zottig behaart, Blätter stumpf gezähnt, Unterlippe ohne Zeichnung), meist in höheren Lagen.

1|2

3

4|5

1 Schwarznessel

Ballota nigra
(Lippenblütler)
Bis 1 m hohe, dicht behaarte, unangenehm riechende Pflanze. Blätter gegenständig, gestielt, eiförmig, gezähnt. Kelch trichterförmig, 10nervig; Kelchzähne verwachsen, kranzartig nach außen gebogen; Krone 1–1,4 cm lang; Oberlippe gerade, Ränder nach unten gebogen; Unterlippe 3teilig.
Blütezeit: V–X. Standort: Wegränder, Schuttplätze, Hecken. Verbreitung: Fast ganz Europa.

2 Herzgespann ⊞

Leonurus cardiaca
(Lippenblütler)
Bis 1,5 m hohe, behaarte Pflanze. Blätter gestielt, die unteren 3- bis 7spaltig, ahornblattähnlich, die oberen kleiner, 3lappig. Kelch 5–8 mm lang, schmal glockenförmig; Krone 8–10 mm lang; Röhre kurz; Oberlippe helmförmig, außen behaart; Unterlippe 3teilig; Staubblätter mit spreizenden Staubbeutelhälften.
Blütezeit: VI–X. Standort: Wegränder, Gebüsche, Schuttplätze. Verbreitung: Fast ganz Europa; Asien

3 Dost

Origanum vulgare
(Lippenblütler)
Aromatisch riechende, bis 50 cm hohe, behaarte Pflanze. Blätter gegenständig, oval, die unteren gestielt. Blüten dicht kopfartig genähert, einen rispenartigen Blütenstand bildend; Tragblätter 3–6 mm lang, purpurn; Kelch 2,5 bis 3,5 mm lang; Krone 2lippig, 4–7 mm lang, rosa.
Blütezeit: VII–IX. Standort: Trockenrasen, trockene, lichte Wälder. Verbreitung: Europa; Asien.

4 Wirbeldost

Clinopodium vulgare
(Lippenblütler)
Bis 60 cm hohe, abstehend behaarte Pflanze. Blätter gegenständig, oval, kurz gestielt. Blüten in dichten, kopfartigen Blütenständen in den Achseln der oberen Blätter, kurz gestielt; Kelch röhrenförmig, 2lippig, 8–10 mm lang; Krone 10 bis 14 mm lang, 2lippig, hellpurpurn.
Blütezeit: VII–IX. Standort: Lichte Wälder, schattige Wiesen. Verbreitung: Europa; Nordasien, Nordamerika.

5 Wasser-Minze

Mentha aquatica
(Lippenblütler)
Bis 80 cm hohe, aromatisch riechende Pflanze. Stengel abstehend behaart. Blätter kurz gestielt, eiförmig, gezähnt. Blüten gestielt, am Ende des Stengels und in den Achseln der obersten Blätter kopfartig gedrängt; Kelch röhrenförmig, 5zähnig, innen kahl; Krone 5–7 mm lang, mit vorn erweiterter Röhre und 4 gleichgestalteten Kronzipfeln; Staubblätter 4, aus der Krone ragend und spreizend.
Blütezeit: VII–X. Standort: Ufer, nasse Wiesen, Auwälder, Sümpfe. Verbreitung: Fast ganz Europa; fast ganz Asien, Nord- und Südafrika.

1|2

3

4|5

1 Polei-Minze

Mentha pulegium
(Lippenblütler)
Bis 60 cm hohe, zerstreut behaarte bis fast kahle Pflanze. Blätter eiförmig, kurz gestielt, fast ganzrandig, bis 3 cm lang. Blüten kurz gestielt, zahlreich und dicht gedrängt in den Achseln der oberen Blattpaare; die Teilblütenstände nicht ährenförmig oder kopfartig genähert; Kelch röhrenförmig, 3 mm lang, 2lippig, behaart; Krone 5–7 mm lang, mit vorne erweiterter Kronröhre und 4 etwa gleichen Kronzipfeln; 4 Staubblätter, aus der Krone ragend und spreizend.
Blütezeit: VII–X. Standort: Sümpfe, Ufer, nasse Wiesen. Verbreitung: Große Gebiete Europas, zum Teil aus Kulturen verwildert; Westasien, Nordafrika.
Ähnliche Arten: **Rundblättrige Minze,** *M. rotundifolia* (dichter, scheinähriger Blütenstand, gleichmäßig 5zähniger Kelch und rundliche, sitzende Blätter). – **Langblättrige Minze,** *M. longifolia* (dichter, scheinähriger Blütenstand, gleichmäßig 5-zähniger Kelch und sitzende, länglich lanzettliche, scharf gesägte Blätter).

2 Gemeiner Thymian

Quendel, *Thymus pulegioides*
(Lippenblütler)
Aromatisch duftende, niederliegende Pflanze mit bis zu 40 cm langen, am Boden kriechenden oder bogig aufsteigenden Stengeln. Blühende Stengel deutlich 4kantig, meist nur auf den Kanten behaart. Blätter gegenständig, eiförmig bis spatelig, undeutlich in den Blattstiel verschmälert, am Grunde lang gewimpert. Blüten zu mehreren in den Achseln der oberen Blätter, einen gedrängten kopfartigen oder kurzährigen Blütenstand bildend; Kelch deutlich 2lippig; Krone klein, 2lippig, 3–6 mm lang.
Blütezeit: VI–X. Standort: Trockenrasen, Wegränder, Gebüsche, Mauern. Verbreitung: Mittel- und südliches Nordeuropa.

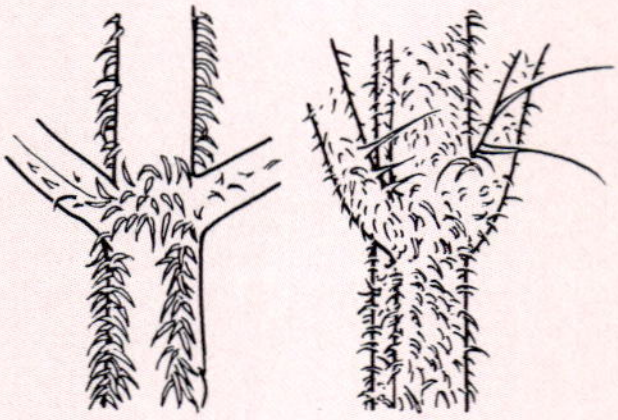

Stengelabschnitte

Ähnliche Arten: **Sand-Thymian,** *Th. serphyllum* (lang kriechende, runde, allseits behaarte Stengel und schmallanzettliche Blätter), nur in Sandgebieten Mitteleuropas. – **Frühblühender Thymian,** *Th. praecox* (lang kriechende Stengel, die blütentragenden Äste rund und gleichmäßig behaart, Blätter rundlich bis eiförmig), vor allem in den Mittelgebirgen und Alpen.

1

2

1 Roter Fingerhut ⊞

Digitalis purpurea
(Braunwurzgewächse)
Bis 1,5 m hohe Pflanze. Stengel unverzweigt, aufrecht, graufilzig behaart. Blätter eiförmig bis lanzettlich, gezähnt, die unteren gestielt, in einer Rosette, zur Blütezeit oft schon vertrocknet, die oberen sitzend. Blütenstand einseitswendig; Blüten gestielt, einzeln in den Achseln kleiner Blätter; Kelch 5teilig; Kelchblätter eiförmig, drüsig behaart wie die Blütenstiele und der obere Stengelteil; Krone abwärts geneigt, mit bauchiger Röhre und kurz 2lappigem Rand; Unterlippe 3lappig, länger als die etwas ausgerandete Oberlippe, bis 5 cm lang, innen mit dunkelroten, hell umrandeten Flecken. Blütezeit: VI–VIII. Standort: Lichte Wälder, Schlagfluren, Wegränder; auf kalkarmen Böden. Verbreitung: Große Gebiete Europas; oft kultiviert und verwildert.
Hinweis: Der Rote Fingerhut ist eine typisch 2jährige Pflanze. Nach dem Keimen wird im ersten Jahr nur eine Grundblattrosette gebildet, aus der im zweiten Jahr der blühende Stengel erscheint. Nach dem Blühen und dem Ausstreuen der Samen stirbt die Pflanze in der Regel ab.

2 Bittersüßer Nachtschatten ⊞

Solanum dulcamara
(Nachtschattengewächse)
Bis 2 m hohe Pflanze. Stengel im unteren Teil verholzt, kletternd. Blätter eiförmig bis lanzettlich, am Grund oft herzförmig oder mit 1 bis 2 abgegliederten Abschnitten, sonst ganzrandig. Kelch 5zähnig; Zähne rundlich eiförmig; Krone 0,8–1,2 cm breit, am Grund verwachsen, flach ausgebreitet mit 5teiligem Rand; Staubfäden kurz; Staubbeutel zu einer Röhre verbunden, aus der der Griffel ragt; Fruchtknoten oberständig. Frucht eine leuchtend rote Beere.
Blütezeit: VI–IX. Standort: Hecken, Auwälder, Ufer, Schlagfluren. Verbreitung: Europa; große Gebiete Asiens.

3 Orant

Chaenorrhinum minus
(Braunwurzgewächse)
Bis 30 cm hohe, dicht drüsig behaarte Pflanze. Blätter schmal lanzettlich bis linealisch, die unteren gelegentlich breiter, gegenständig, die oberen wechselständig. Blüten lang gestielt, einzeln in den Blattachseln; Krone 0,3–0,6 cm lang, hellviolett bis grauviolett, mit gelbem Gaumenfleck, mit kurzer, am Grund gespornter, nach vorne erweiterter Röhre und 2lippigem Rand; Oberlippe ausgerandet, flach; Unterlippe 3teilig; Sporn halb so lang wie der Rest der Krone, gerade.

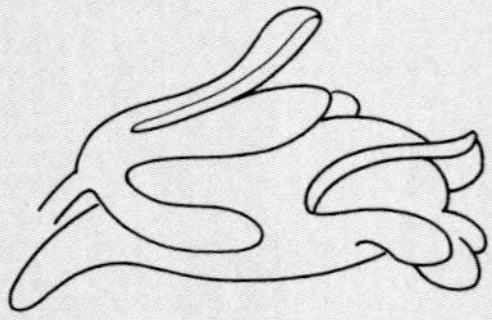

Ch. minus
Blüte

Blütezeit: V–X. Standort: Gärten, Äcker, Wegränder, Schuttplätze. Verbreitung: Europa; Kleinasien, Nordafrika.

1

2|3

1 Zimbelkraut

Cymbalaria muralis
(Braunwurzgewächse)
Kriechende, kahle Pflanze mit fadenförmigem, wurzelndem Stengel. Blätter lang gestielt, 5- bis 7lappig. Blüten lang gestielt, einzeln in den Blattachseln; Krone 0,6–0,8 cm lang, hellviolett mit gelbem Gaumenfleck, am Grund gespornt, 2lippig; Oberlippe flach, ausgerandet; Unterlippe 3teilig, mit einer den Schlund verschließenden Wölbung.
Blütezeit: VI–IX. Standort: Felsspalten, Mauern, Felsschutt, Flußschotter; auf Kalk. Verbreitung: Fast ganz Europa; Nordafrika, Westasien, Nordamerika.
Hinweis: Nach dem Verblühen krümmen sich die Blütenstiele zum Boden beziehungsweise zum Wurzelbereich. Dadurch wird die Wahrscheinlichkeit, daß die Samen an geeignete Stellen gelangen, sehr erhöht.

2 Sumpf-Läusekraut

Pedicularis palustris
(Braunwurzgewächse)
Bis 70 cm hohe Pflanze mit nur einem aufrechten, verzweigten Stengel. Blätter tief fiederteilig mit gezähnten Abschnitten. Blüten im oberen Stengelteil einzeln in den Blattachseln; Kelch röhrenförmig, 2lippig; Krone 1,5–2 cm lang; Oberlippe helmförmig; Unterlippe flach ausgebreitet, gewimpert.
Blütezeit: V–VIII. Standort: Sumpfwiesen, Flachmoore. Verbreitung: Europa ohne Mittelmeergebiet; Asien, Nordamerika.
Ähnliche Art: **Wald-Läusekraut,** *P. sylvatica* (Pflanze mehrstengelig, Seitenstengel liegend, Hauptstengel von unten an mit Blüten, Unterlippe kahl), auch auf Waldwiesen und feuchten Heiden.

3 Acker-Zahntrost

Odontites verna
(Braunwurzgewächse)
Bis 50 cm hohe Pflanze. Blätter lanzettlich, gezähnt. Blüten einzeln in den Achseln der oberen Blätter; Kelch 4–8 mm lang, behaart; Krone 8–12 mm lang, dicht behaart; Oberlippe länger als die Unterlippe; Staubblätter ragen über die Oberlippe vor; Staubbeutel kahl.
Blütezeit: V–IX. Standort: Äcker, Wegränder, Weiden, Trittrasen. Verbreitung: Fast ganz Europa; große Gebiete Asiens.

4 Echter Baldrian

Valeriana officinalis
(Baldriangewächse)
Bis 1,8 m hohe Pflanze. Stengel aufrecht. Blätter gegenständig; Grundblätter groß, unpaarig gefiedert; Stengelblätter allmählich kleiner. Blütenstand doldenartig; Krone 3–6 mm lang, rosa bis weißlich, unten röhrenförmig, oben trichterförmig 3- bis 4teilig; Kelch mit verdicktem Rand; Fruchtknoten unterständig.

Grundblatt V. officinalis

Blütezeit: V–IX. Standort: Lichte Wälder, Hochstaudenfluren, Wiesen, Gräben, Ufer. Verbreitung: Fast ganz Europa.

1

2

3|4

1 Wilde Karde

Dipsacus sylvestris
(Kardengewächse)
Bis 2 m hohe Pflanze. Stengel und oft auch der Mittelnerv der Blattunterseite stachelig. Grundblätter bis 40 cm lang, kurz gestielt, eiförmig, gezähnt; Stengelblätter gegenständig, jeweils am Grund tütenförmig miteinander verwachsen, lanzettlich, gezähnt bis ganzrandig. Blütenköpfe länglich eiförmig bis walzenförmig; Hüllblätter in 2 Reihen, stachelig; Blüten in den Achseln stechender Tragblätter (Spreublätter), die die Blüten überragen; Krone 4zipfelig; Kronröhre etwa 1 cm lang; Kelch 4kantig.
Blütezeit: VII–VIII. Standort: Wegränder, Schuttplätze, Ufer. Verbreitung: Fast ganz Europa; Südwestasien, Nordafrika, Kanaren.

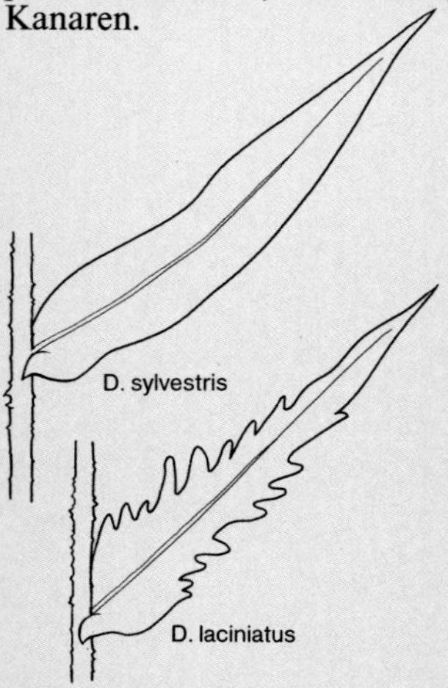

Stengelblätter

Ähnliche Art: **Schlitzblatt-Karde,** *D. laciniatus* (Stengelblätter unregelmäßig fiederteilig).

2 Acker-Witwenblume

Knautia arvensis
(Kardengewächse)
Bis 1 m hohe Pflanze, zur Blütezeit mit sterilen Blattrosetten. Stengel steif behaart, dazu oft krause helle Haare und auch Drüsenhaare. Untere Blätter lanzettlich, ganzrandig oder gezähnt, zumindest einige fiederteilig, mittlere und obere Blätter meist fiederteilig. Blütenstand flach, mit vergrößerten Randblüten; Hüllblätter in mehreren Reihen; Krone am Grund röhrenförmig, oben 4lappig; Kelch mit 8 bis 10 Borsten; Kelchborsten 2–3 mm lang.

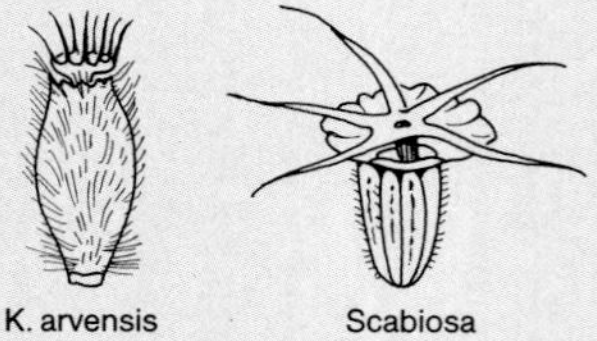

Früchte

Blütezeit: VII–IX. Standort: Wiesen, Trockenhänge, Wegränder, Äcker. Verbreitung: Fast ganz Europa; Westasien.
Ähnliche Art: **Wald-Witwenblume,** *K. sylvatica* (Blätter immer ungeteilt), in Wäldern, Hochstaudenfluren und Gebüschen.
Hinweis: Neben den verschiedenen Arten von Witwenblumen kommen auch noch einige Arten der Gattung **Skabiose,** *Scabiosa,* vor. Sie unterscheiden sich von den Witwenblumen durch ungleichmäßig 5lappige Kronen und Früchte mit deutlichem, trockenhäutigem Außenkelch sowie kräftigen Kelchborsten.

1

2

1 Wasserdost

Eupatorium cannabinum
(Korbblütler)
Bis 1,5 m hohe Pflanze. Blätter gegenständig, bis zum Grund 3- bis 5teilig, Abschnitte lanzettlich, gezähnt. Köpfe 4- bis 6blütig, doldenähnlich angeordnet; Hülle 4,5–6 mm lang, walzenförmig; alle Blüten röhrenförmig.
Blütezeit: VII–IX. Standort: Auwälder, Ufer, Verlandungsbestände, Hochstaudenfluren. Verbreitung: Fast ganz Europa; Westasien, Nordafrika.

2 Strand-Aster

Aster tripolium
(Korbblütler)
Bis 1 m hohe, fast kahle Pflanze. Blätter lanzettlich, oft fleischig. Blütenköpfe 2–2,5 cm breit; Hülle 6–8 mm hoch; Hüllblätter in 2 bis 3 Reihen, länglich, stumpf; Zungenblüten 2,5 mm breit, 10 mm lang, rosaviolett bis hellblau; Röhrenblüten gelb.
Blütezeit: VI–IX. Standort: Salzwiesen, Gräben. Verbreitung: Meeresküsten Europas, gelegentlich im Binnenland (so im Burgenland); Asien.

3 Weg-Distel

Carduus acanthoides
(Korbblütler)
Bis 1,5 m hohe Pflanze. Stengel oben weißfilzig. Blätter tief fiederteilig, stechend, Blattgrund am Stengel herablaufend. Blütenköpfe 1,5–2,5 cm breit und hoch; Kronen röhrenförmig, 5zipfelig. Pappusborsten rauh, nicht federartig.
Blütezeit: VI–X. Standort: Wegränder, Rasen, Schuttplätze. Verbreitung: Südliche Gebiete Europas.

4 Berg-Distel

Alpen-Distel
Carduus defloratus
(Korbblütler)
Bis 80 cm hohe Pflanze. Stengel oben weißfilzig, blattlos, unten dicht beblättert, fast kahl. Blätter ungeteilt bis fiederteilig, stechend. Blütenköpfe einzeln, 1,5–3 cm breit, zur Blütezeit etwas nickend; Kronen röhrenförmig, 5zipfelig. Pappusborsten rauh, nicht federartig.
Blütezeit: VI–IX. Standort: Wiesen, Felshänge, lichte Wälder. Verbreitung: Mittel- und Südeuropa.

5 Nickende Distel

Carduus nutans
(Korbblütler)
Bis 1,2 m hohe Pflanze. Stengel vor allem oben weißfilzig, bis fast zu den Blütenköpfen beblättert. Blätter tief fiederteilig, stechend; Blattränder am Stengel herablaufend. Blütenköpfe 3–8 cm breit und hoch, nikkend; äußere Hüllblätter mit breitem Grund und deutlicher Einschnürung, stechend; Kronen unten röhrenförmig, oben trichterförmig, 5lappig. Pappusborsten rauh, nicht federartig.
Blütezeit: VII–IX. Standort: Wegränder, Schuttplätze, Weiden. Verbreitung: Große Gebiete Europas; Kleinasien, Kaukasus, Nordafrika, Westasien.

1|2

3

4|5

1 Sumpf-Kratzdistel

Cirsium palustre
(Korbblütler)
Bis 1,5 m hohe, behaarte Pflanze. Stengel meist nur im oberen Teil verzweigt, fast in der ganzen Länge von den herablaufenden, stachligen Blatträndern geflügelt. Blätter länglich, buchtig fiederteilig mit 3eckigen, in einen kurzen Stachel auslaufenden Abschnitten, am Rand stachelig gezähnt, am Stengel mit verschmälertem Grund sitzend, oberseits grün, behaart, unterseits vor allem in der Jugend weißfilzig behaart. Blütenköpfchen in einer doldenartigen Rispe; Hülle 1 bis 1,5 cm lang, purpurn, filzig behaart; Hüllblätter mit kaum stechender Spitze. Pappus der Früchte fiederig.
Blütezeit: VII–IX. Standort: Nasse Wiesen, Sümpfe, Flachmoore. Verbreitung: Europa; Nordasien, Nordafrika.

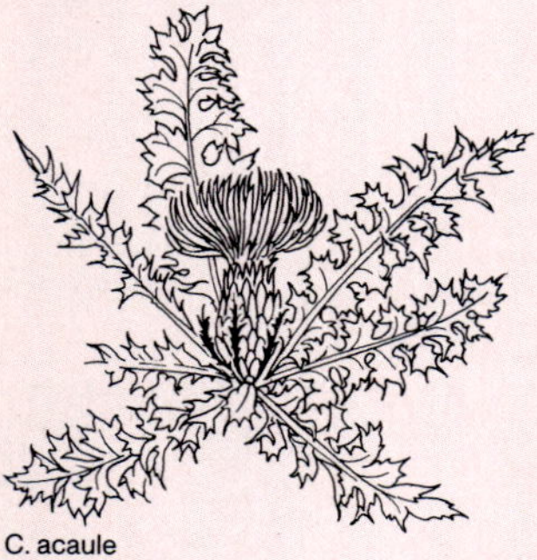

C. acaule

Ganze Pflanze

Ähnliche Art: **Stengellose Kratzdistel,** *C. acaule* (Stengel fehlend oder nur sehr kurz, Blätter rosettenartig gehäuft, Blütenköpfe einzeln in der Mitte der Blattrosette sitzend, Hülle 2–3 cm lang, rotbraun, Hüllblätter mit kaum stechender Spitze), auf trockenen bis feuchten Wiesen und Heiden.

2 Gemeine Kratzdistel

Cirsium vulgare
(Korbblütler)
Bis 1,5 m hohe, behaarte, sehr kräftige, stachelige Pflanze. Stengel sparrig verzweigt, von den herablaufenden, stachelig gezähnten Blatträndern geflügelt. Blätter steif, entfernt fiederteilig mit lanzettlichen, in einen derben, gelblichen Stachel auslaufenden Abschnitten, oberseits grün und fein stachelig, unterseits dicht weiß spinnwebig behaart. Blütenköpfe einzeln an den Enden der Äste, groß; Hülle 3–5 cm lang, kugelig; Hüllblätter stachelig, zahlreich, nach außen gebogen. Pappus fiederig.
Blütezeit: VIII–X. Standort: Schuttplätze, Wegränder, Kahlschläge. Verbreitung: Europa; Westasien.

1

2

1 Acker-Kratzdistel

Cirsium arvense
(Korbblütler)
Bis 1,5 m hohe Pflanze mit aufrechtem Stengel ohne herablaufende Blattränder. Blätter oberseits kahl, unterseits kahl bis dicht weißfilzig behaart, ungeteilt oder bis über die Mitte fiederspaltig, mit stacheligen Abschnitten. Hülle der blühenden Köpfe 1–2 cm lang, spinnwebig behaart, rotviolett überlaufen; Hüllblätter mit strichförmiger Harzdrüse, die äußeren mit kurzem, kaum stechendem Dorn; Krone 12 bis 18 mm lang, hellviolett, mit fast bis zum Grund gleichmäßig zerteiltem oberem Teil. Früchte etwa 3 mm lang, braun, ohne Flecken; Pappus 2–3 cm lang, weißlich, fiederig.
Blütezeit: VII–X. Standort: Äcker, Schuttplätze, Wegränder, Schlagfluren. Verbreitung: Europa; Asien, Nordafrika.

Pappusstrahlen

Hinweis: Alle Arten von **Kratzdisteln** *(Cirsium)* unterscheiden sich durch gefiederte Pappusstrahlen von den gelegentlich ähnlichen Arten von **Disteln** *(Carduus),* die höchstens gezähnte Pappusstrahlen haben.

2 Bach-Kratzdistel

Cirsium rivulare
(Korbblütler)
Bis 1 m hohe Pflanze. Stengel aufrecht, nicht verzweigt, oben dicht filzig behaart, ohne Dornen oder herablaufende Blattränder, im oberen Teil nur mit kleinen, stengelumfassenden Blättern. Blätter im unteren Teil groß, lanzettlich, mit geflügeltem Blattstiel, fast unzerteilt bis tief fiederspaltig, die Abschnitte kaum zerteilt, unterseits grün. Blütenköpfe zu 2 bis 4 in Knäueln am Stengelende; Hülle 1,5–2,5 cm lang, zerstreut filzig behaart, rötlich überlaufen; Hüllblätter mit schmal eiförmiger Harzdrüse, die äußeren mit kurzem, kaum stechendem Dorn; Kronen 1,5–2 cm lang, rot, ungleichmäßig bis zur Mitte zerteilt. Früchte 4–5 mm lang, bräunlich. Pappus 1–1,5 cm lang, weiß, fiederig.
Blütezeit: V–VI. Standort: Sumpfwiesen, Flachmoore, Ufer. Verbreitung: Mitteleuropa, vor allem im Bergland.

3 Filzige Klette

Arctium tomentosum
(Korbblütler)
Bis 1,5 m hohe Pflanze. Blätter breit eiförmig, bis 50 cm lang, oberseits grün, unterseits spinnwebig behaart. Blühende Köpfe 1,5–3 cm breit; Hülle dicht spinnwebig behaart; äußere Hüllblätter mit Hakenspitze, innerste mit gerader Spitze; Blüten alle röhrenförmig; Kronen außen meist mit Drüsen, purpurn. Achänen 5–5,5 mm lang, Pappus 1 bis 3 mm lang.
Blütezeit: VII–IX. Standort: Wegränder, Schuttplätze, Ufer, Gebüsche. Verbreitung: Fast ganz Europa; ostwärts bis zum Altai.

1|2

3

1 Skabiosen-Flockenblume

Centaurea scabiosa
(Korbblütler)
Bis 1 m hohe Pflanze. Grundblätter gestielt, gezähnt bis doppelt fiederschnittig, obere Stengelblätter sitzend. Hülle 2 bis 2,5 cm breit; Anhängsel der Hüllschuppen 3eckig, braunschwarz; Blüten asymmetrisch röhrenförmig, die äußeren vergrößert.
Blütezeit: VI–IX. Standort: Wiesen, lichte Wälder. Verbreitung: Fast ganz Europa; Asien.

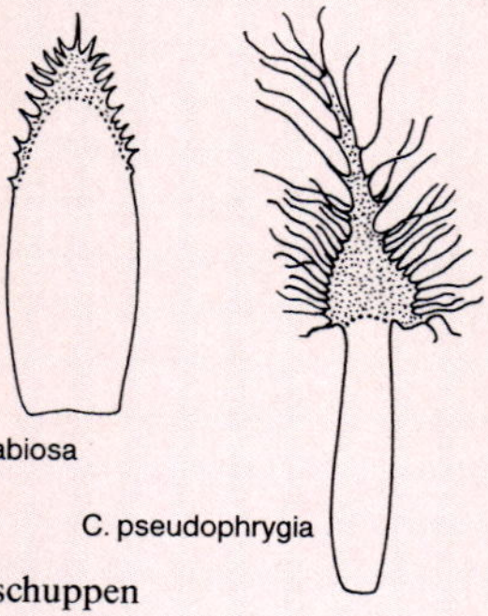

Hüllschuppen

2 Perücken-Flockenblume

Centaurea pseudophrygia
(Korbblütler)
Bis 80 cm hohe Pflanze. Blätter breit lanzettlich, ganzrandig bis gezähnt, mittlere Stengelblätter am Grund oft stengelumfassend. Hülle bis 2 cm breit und hoch; Anhängsel der mittleren Hüllschuppen schwarzbraun, in eine gebogene, gefranste Spitze verlängert; Blüten asymmetrisch röhrenförmig, die äußeren vergrößert.
Blütezeit: VII–IX. Standort: Wiesen, Gebüsche, Waldränder. Verbreitung: Mitteleuropa.

3 Wiesen-Flockenblume

Centaurea jacea
(Korbblütler)
Bis 1,2 m hohe Pflanze. Grundblätter schmal eiförmig, ungeteilt bis buchtig fiederspaltig; Stengelblätter lanzettlich, sitzend. Hülle bis 2 cm hoch; Anhängsel der Hüllschuppen trockenhäutig, hellbraun, fast ungeteilt; Blüten asymmetrisch röhrenförmig, die äußeren vergrößert.
Blütezeit: VI–X. Standort: Wiesen, lichte Wälder. Verbreitung: Europa; Asien, Nordafrika.

4 Färber-Scharte

Serratula tinctoria
(Korbblütler)
Bis 1 m hohe Pflanze. Grundblätter ungeteilt, elliptisch, gestielt, mittlere und obere Stengelblätter fiederteilig, sitzend. Hülle 1,5 cm hoch; Hüllschuppen ohne Anhängsel, an der Spitze violettrot; Kronen röhrenförmig, oben 5teilig.
Blütezeit: VII–VIII. Standort: Feuchte Wiesen, lichte Wälder. Verbreitung: Fast ganz Europa; Nordasien, Nordafrika.

5 Hasenlattich

Prenanthes purpurea
(Korbblütler)
Bis 1,5 m hohe Pflanze mit Milchsaft. Blätter länglich, die unteren gezähnt bis fiederteilig, mit geflügeltem Stiel, die oberen mit herzförmigem Grund stengelumfassend. Köpfe nickend, 2- bis 5blütig; Hülle 1–1,5 cm lang; Hüllblätter in 2 Reihen.
Blütezeit: VII–IX. Standort: Wälder, Hochstaudenfluren, Gebüsche. Verbreitung: Fast ganz Europa.

1|2

3

4|5

1 Pfeilkraut

Sagittaria sagittifolia
(Froschlöffelgewächse)
Bis 1 m hohe, kahle Pflanze. Erste Blätter grasartig, bis 1 m lang, im Wasser flutend, folgende ei- bis pfeilförmig, schwimmend; zur Blütezeit meist aus dem Wasser ragende, 3teilig pfeilförmige Blätter vorhanden. Blüten eingeschlechtlich; in übereinanderstehenden Quirlen, unten weibliche und männliche, oben nur männliche Blüten; Blüten 1,5–2 cm breit; äußere Blütenblätter grün, kelchartig, innere doppelt so groß, weiß mit rotem Grund.
Blütezeit: VI–VIII. Standort: Stehende oder langsam fließende Gewässer bis etwa 50 cm Tiefe, Ufer. Verbreitung: Fast ganz Europa; Westasien.

2 Gemeiner Froschlöffel

Alisma plantago-aquatica
(Froschlöffelgewächse)
Bis 1 m hohe, kahle Pflanze. Blätter gestielt, eiförmig bis lanzettlich, am Grund abgerundet oder herzförmig, aus dem Wasser ragend. Blüten nachmittags offen; 3 äußere Blütenblätter grün, kelchartig, 3 innere weiß, 4–6 mm lang, rundlich; Griffel fast gerade, am Fruchtknoten seitlich in der Mitte angewachsen.
Blütezeit: VI–VIII. Standort: Stehende oder langsam fließende Gewässer bis 50 cm Tiefe. Verbreitung: Weltweit.
Ähnliche Arten: **Lanzett-Froschlöffel,** *A. lanceolatum* (Blüten vormittags offen, Blätter am Grund verschmälert, Griffel am Fruchtknoten seitlich über der Mitte angewachsen). – **Grasblättriger Froschlöffel,** *A. gramineum* (Griffel stark nach außen gebogen, Blätter meist untergetaucht, bandförmig).

3 Krebsschere Ⓢ ▽

Stratiotes aloides
(Froschbißgewächse)
Halb untergetauchte, meist frei schwimmende Pflanze. Blätter schwertförmig, 3kantig, steif, stachelig gesägt, bis 40 cm lang. Männliche und weibliche Blüten auf verschiedenen Pflanzen; von einer Blatthülle (Spatha) umgeben; 3 äußere Blütenblätter grün, kelchartig, 3 innere weiß, etwa 2 cm lang.
Blütezeit: V–VIII. Standort: Stehende, windgeschützte, im Sommer sehr warme Gewässer. Verbreitung: Große Gebiete Europas; Westasien.

4 Froschbiß ▽

Hydrocharis morsus-ranae
(Froschbißgewächse)
Im Schlamm wurzelnde Pflanze mit Schwimmblattrosetten, die Ausläufer treiben und daran neue Rosetten bilden. Blätter bis 6 cm breit. Männliche und weibliche Blüten auf verschiedenen Pflanzen, von einer Blatthülle (Spatha) umgeben; 3 äußere Blütenblätter kelchartig, grün oder rosa, 3 innere weiß mit gelbem Grund, etwa 1,5 cm lang.
Blütezeit: VI–VIII. Standort: Stehende, windgeschützte Gewässer. Verbreitung: Fast ganz Europa; Asien.

1|2

3

4

1 Astlose Graslilie Ⓢ

Anthericum liliago
(Liliengewächse)
Bis 80 cm hohe, kahle Pflanze. Blätter grasähnlich, alle grundständig, bis 25 cm lang. Stengel aufrecht, nicht verzweigt. Blütenstand eine Traube; Blüten einzeln in den Achseln kleiner Tragblätter; 6 Blütenblätter, alle gleich, abstehend, 1,5–3 cm lang, über der Mitte am breitesten; 6 Staubblätter; Fruchtknoten oberständig. Frucht 1–1,5 cm lang, zugespitzt.
Blütezeit: V–VI. Standort: Felshänge, Trockenrasen, lichte Wälder; auf kalkarmen Böden. Verbreitung: Europa; Kleinasien.
Ähnliche Art: **Ästige Graslilie,** *A. ramosum* (Blütenstand verzweigt, innere Blütenblätter breiter als äußere, 0,8–1,2 cm lang, Frucht kugelig), auf Kalk.

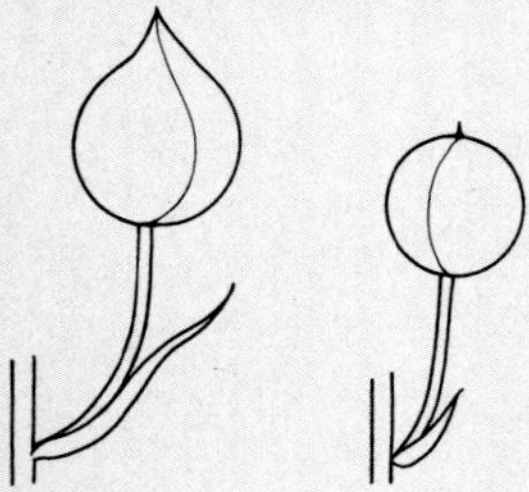

A. liliago A. ramosum
Früchte

2 Maiglöckchen ⊞ Ⓢ

Convallaria majalis
(Liliengewächse)
Bis 30 cm hohe, kahle Pflanze. Unterste Blätter schuppenförmig, die 2 obersten breit lanzettlich, 10–20 cm lang, parallelnervig. Blütenstand einseitswendig, lang gestielt; Tragblätter winzig, kürzer als die Blütenstiele; Blüten nickend, glockenförmig, 5–7 mm lang; 6 Blütenblätter, verwachsen mit kleinen, nach außen gebogenen Zipfeln; 6 Staubblätter; Fruchtknoten oberständig. Frucht eine rote Beere.
Blütezeit: V–VI. Standort: Laubwälder, Gebüsche. Verbreitung: Fast ganz Europa (im Süden nur in den Gebirgen); ostwärts bis Zentralasien.

3 Zweiblättrige Schattenblume

Maianthemum bifolium
(Liliengewächse)
Bis 20 cm hohe Pflanze. Stengel oben fein borstig behaart, mit meist 2 kurz gestielten, herzförmigen Blättern über der Stengelmitte. Blütenstand eine vielblütige Traube; Blüten 4zählig, einzeln in den Achseln schuppenförmiger Tragblätter; Blütenblätter frei, eiförmig, bis 3 mm lang, zurückgebogen; 6 Staubblätter; Fruchtknoten oberständig. Frucht eine gelbe bis rote Beere.
Blütezeit: V–VI. Standort: Laub- und Nadelwälder; meidet Kalk. Verbreitung: Große Gebiete Europas; ostwärts bis Japan.
Interessantes zur Biologie: Die jungen Pflanzen treiben in den ersten Jahren nur ein Blatt, ohne zu blühen. Nach der ersten Blüte wächst die Pflanze mit einer Seitenknospe aus der Achsel eines unterirdischen Schuppenblattes weiter. Die Blüten duften zart und sondern etwas Nektar ab, womit sie vor allem Fliegen anlocken.

1|2

3

1 Vielblütige Weißwurz

Polygonatum multiflorum
(Liliengewächse)
Bis 50 cm hohe Pflanze mit beblättertem, rundem oder stumpfkantigem Stengel. Blätter wechselständig, eiförmig, bis 15 cm lang. Blüten duftlos, zu 2 bis 5 in kurz gestielten Trauben in den Blattachseln, bis 2 cm lang; Blütenblätter weitgehend verwachsen, ihr freier Teil grünlich; Blütenröhre um die Mitte etwas verengt; Staubfäden flaumig behaart; 6 Staubblätter, bis über die Mitte mit der Blütenröhre verwachsen; Fruchtknoten oberständig. Frucht eine 1 cm breite, schwarzblaue, etwas bereifte Beere.
Blütezeit: V–VI. Standort: Laubwälder, Hochstaudenfluren; auf Kalk. Verbreitung: Fast ganz Europa; Kleinasien, vereinzelt bis Japan.

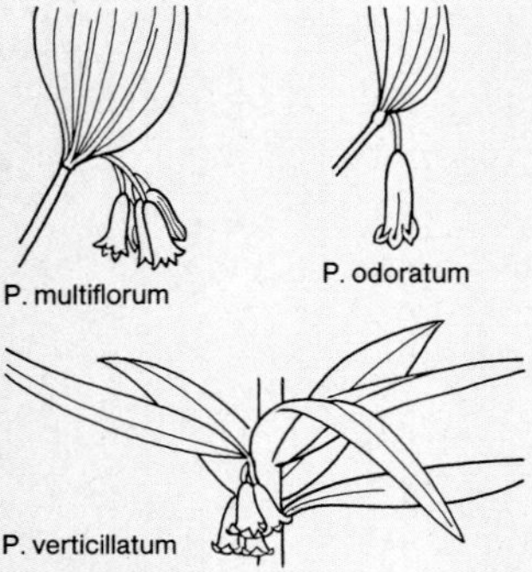

Stengelabschnitte

Ähnliche Arten: **Duftende Weißwurz,** Salomonssiegel, *P. odoratum* (Stengel mit scharfen Kanten, Blüten fast immer einzeln, gleichmäßig schmal glockenförmig, Staubfäden kahl), an Felshängen in Trockenrasen und lichten Wäldern. – **Quirlblättrige Weißwurz,** *P. verticillatum* (Stengel kantig, obere Blätter lanzettlich bis linealisch, meist zu 3 quirlständig, Blüten zu 1 bis 7 mit kleiner, fast zylindrischer Röhre).

2 Bär-Lauch

Allium ursinum
(Liliengewächse)
Bis 50 cm hohe, meist in großen Beständen wachsende Pflanze. Blätter alle grundständig, meistens 2, bis 20 cm lang, breit lanzettlich, spitz, lang gestielt. Blütenstand doldenartig, armblütig, zunächst von häutigen Hüllblättern umgeben, die bald abfallen; Blüten deutlich gestielt; Blütenblätter 6, 8–12 mm lang, ausgebreitet; 6 Staubblätter; Fruchtknoten oberständig.
Blütezeit: IV–VI. Standort: Laubwälder, Hecken. Verbreitung: Große Gebiete Europas; ostwärts bis zum Kaukasus.
Interessantes zur Biologie: Sämtliche Arten der Gattung **Lauch,** *Allium,* besitzen in allen Pflanzenteilen scharf riechende und scharf schmeckende Senföle, deren Bedeutung für die Pflanze nicht sicher ist, wahrscheinlich aber schützen sie vor Tierfraß. Viele Arten werden wegen ihres Senfölgehaltes seit dem Altertum vom Menschen als Würz- und Gemüsepflanze genutzt, so **Zwiebel,** *Allium cepa;* **Knoblauch,** *Allium sativum;* **Schnittlauch,** *Allium schoenoprasum;* **Röhren-Lauch,** *Allium fistulosum;* **Porree,** *Allium ampeloprasum* und andere. Der Bär-Lauch gehört zusammen mit dem Knoblauch zu den am stärksten riechenden Arten der Gattung und wurde früher wie dieser verwendet.

1

2

1 Frühlings-Knotenblume ⓢ

Märzenbecher
Leucojum vernum
(Amaryllisgewächse)
Bis 30 cm hohe, kahle Pflanze. Blätter grasartig, fleischig. Blüten meist einzeln; Blütenblätter 2–2,5 cm lang, alle gleich lang, mit grüner Spitze; 6 Staubblätter; Fruchtknoten unterständig.
Blütezeit: II–IV. Standort: Laubwälder, Wiesen. Verbreitung: Große Gebiete Europas.

2 Schneeglöckchen ⓢ

Galanthus nivalis
(Amaryllisgewächse)
Bis 20 cm hohe, kahle Pflanze. Blätter grasartig, fleischig. Blüten einzeln; äußere Blütenblätter eiförmig, 15–20 mm lang, innere halb so lang, vorne ausgerandet und mit grünem Fleck; 6 Staubblätter; Fruchtknoten unterständig.
Blütezeit: II–III. Standort: Laubwälder, Gebüsche, Wiesen. Verbreitung: Südeuropa, bei uns meist nur verwildert.

3 Drachenwurz ⓢ ▽

Calla palustris
(Aronstabgewächse)
Bis 40 cm hohe Pflanze. Blätter gestielt, bis 12 cm breit. Blütenstand kolbenartig, von einem Hochblatt (Spatha) umhüllt, 2–4 cm lang. Reife Früchte rot, beerenartig.
Blütezeit: V–IX. Standort: Sümpfe, Bruchwälder. Verbreitung: Große Gebiete Europas; ostwärts bis Japan, Nordamerika.

4 Weiße Waldhyazinthe

Platanthera bifolia ⓢ
(Orchideengewächse)
Bis 50 cm hohe, kahle Pflanze mit 2 großen, eiförmigen Blättern wenig über dem Boden, weiter oben nur wenige kleine Blätter. Blüten weiß oder cremefarben; 3 äußere Blütenblätter abstehend, länglich, eines mit 2 inneren helmartig zusammengeneigt; Lippe bandförmig, abwärts gerichtet; Fächer der Staubbeutel fast parallel; Sporn allmählich dünner, spitz.
Blütezeit: V–VII. Standort: Lichte Wälder, Wiesen. Verbreitung: Europa; Asien.

5 Echte Sumpfwurz ⓢ

Epipactis palustris
(Orchideengewächse)
Bis 50 cm hohe Pflanze. Blätter lanzettlich, bis 20 cm lang. Äußere 3 Blütenblätter lanzettlich, 10–12 mm lang, bräunlich, etwas ausgebreitet; 2 innere ähnlich, aber weiß, am Grund oft rosa; Lippe länger als die Blütenblätter, ihr Vorderteil durch tiefen Einschnitt vom Rest getrennt, rundlich, mit gewelltem Rand.

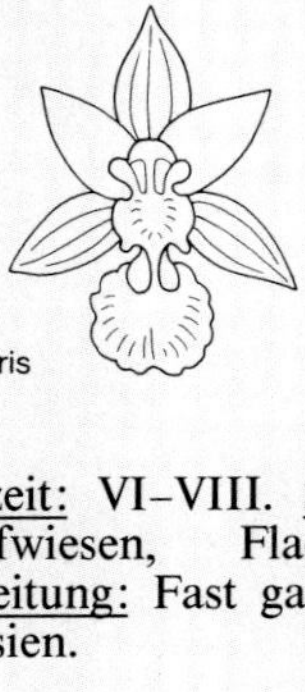

E. palustris
Blüte

Blütezeit: VI–VIII. Standort: Sumpfwiesen, Flachmoore. Verbreitung: Fast ganz Europa; Asien.

1|2

3

4|5

1 Vogelmiere

Vogel-Sternmiere
Stellaria media
(Nelkengewächse)
Bis 40 cm hohe Pflanze. Niederliegender bis aufsteigender, rundlicher Stengel mit 1 bis 2 Längslinien von Haaren, die von Knoten zu Knoten um 90° verschoben sind. Blätter gestielt, eiförmig, spitz, mit Ausnahme des gelegentlich gewimperten Stieles kahl, die unteren fast sitzend. Blüten in den Achseln grüner Tragblätter ohne Hautrand, 5zählig; Kelchblätter 2–5 mm lang; Kronblätter bis höchstens 1½mal so lang wie die Kelchblätter, fast bis zum Grund 2teilig, nicht immer vorhanden; Staubblätter 10, 5 oder weniger, gelegentlich ganz verkümmert; 3 Griffel. Kapsel öffnet sich mit 6 Zähnen, die mehr als ⅓ der Kapsellänge messen.
Blütezeit: I–XII. Standort: Äkker, Gärten, Schuttplätze, Lägerfluren, Wegränder. Verbreitung: Weltweit.

2 Quendelblättriges Sandkraut

Arenaria serpyllifolia
(Nelkengewächse)
Bis 30 cm hohe, in der Regel von Grund an verzweigte Pflanze. Stengel mit kurzen, nach rückwärts (abwärts) gerichteten Haaren, oft auch mit Drüsenhaaren. Blätter eiförmig, spitz, 2–5 mm lang, behaart. Blüten 5zählig, in den Achseln von kleinen Tragblättern ohne Hautrand; Kelchblätter 3- bis 5nervig, zerstreut behaart; Kronblätter ½ bis ¾ so lang wie die Kelchblätter, nicht zerteilt; Fruchtknoten oberständig; 3 Griffel. Kapsel öffnet sich mit 6 Zähnen, die weniger als ⅓ der Kapsellänge messen.
Blütezeit: V–IX. Standort: Lückige Rasen, Wegränder, Äcker, Schuttplätze, Mauern. Verbreitung: Weltweit.
Hinweis: Manche der weiß blühenden Nelkengewächse mit weißen Kronblättern ähneln einander außerordentlich. Sie sind anhand von Blüten- und Fruchtmerkmalen zu unterscheiden, die in einer Übersicht zusammengestellt sind:

Kronblätter 2spaltig (oft fast bis zum Grund)
- 3 Griffel, Kapsel öffnet sich mit 6 Zähnen: **Sternmiere,** *Stellaria* (→ oben),
- 5 Griffel, Kapsel öffnet sich mit 10 Zähnen: **Hornkraut,** *Cerastium* (→ Seite 168/2),
- 5 Griffel, Kapsel öffnet sich mit 5 Zähnen: **Wasserdarm,** *Myosoton!*

Kronblätter ungeteilt oder vorn (nicht bis zur Mitte) ausgerandet
- 3 Griffel, Kapsel öffnet sich mit 3 Zähnen: **Miere,** *Minuartia* (→ Seite 168/1),
- 3 Griffel, Kapsel öffnet sich mit 6 Zähnen, Samen mit weißem Anhängsel: **Nabelmiere,** *Moehringia,*
- 3 Griffel, Kapsel öffnet sich mit 6 Zähnen, Samen ohne Anhängsel: **Sandkraut,** *Arenaria* (→ oben).

1

2

1 Frühlings-Miere

Minuartia verna

(Nelkengewächse)

In lockeren Polstern wachsende Pflanze mit meist zahlreichen blühenden, meist kahlen, bis 15 cm hohen Stengeln. Blätter linealisch, gerade, meist stumpf, undeutlich 3nervig, kahl oder etwas drüsig behaart; Stengelblätter kürzer als die Stengelglieder. Blüten einzeln oder in lockeren Blütenständen; Blütenstiele meist länger als der Kelch, meist drüsig behaart; Kelchblätter breit lanzettlich, spitz, 2,5–4,5 mm lang, schmal hautrandig, deutlich 3nervig, kahl oder zerstreut drüsig behaart; Kronblätter elliptisch, etwa so lang wie die Kelchblätter oder wenig länger; 3 Griffel. Frucht eiförmig, etwa so lang wie der Kelch, öffnet sich mit 3 Zähnen.

Blütezeit: V–VIII. Standort: Felshänge, Trockenrasen, Felsschutt. Verbreitung: Fast ganz Europa, vor allem in höheren Lagen.

Kelch mit Frucht

2 Acker-Hornkraut

Cerastium arvense

(Nelkengewächse)

Bis 30 cm hohe, oft rasenartig wachsende Pflanze. Stengel wenig verzweigt, mit einfachen und Drüsenhaaren. Blätter schmal lanzettlich, spitz, bis 4 cm lang; in den Achseln der unteren Blätter meist kurze nichtblühende Triebe oder Blattbüschel. Tragblätter der Blüten klein, eiförmig, mit deutlichem Hautrand; Blüten lang gestielt, 5teilig; Kelchblätter 7–10 mm lang, behaart; Kronblätter 1–1,5 cm lang, vorn tief ausgerandet; 5 Griffel. Frucht zylindrisch, bis 2mal so lang wie die Kelchblätter, öffnet sich mit 10 Zähnen.

Blütezeit: IV–VII. Standort: Wegränder, Trockenrasen, Mauern; meist auf Kalk. Verbreitung: Europa; große Gebiete Asiens, Nordafrika.

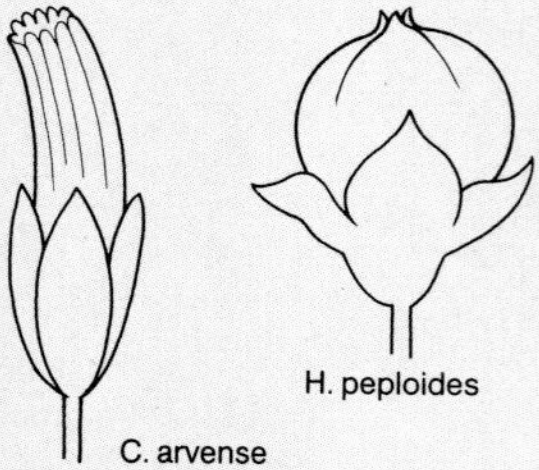

Kelche mit Früchten

3 Salzmiere

Honkenya peploides

(Nelkengewächse)

Bis 30 cm hohe, kahle Pflanze mit kriechenden, dickfleischigen, an den Knoten wurzelnden Stengeln. Blätter eiförmig, dickfleischig, spitz, dicht stehend; deutlich 4zeilig angeordnet. Blüten einzeln in den Blattachseln und zu mehreren am Ende der blühenden Triebe; Blütenstiele 2–5 mm lang; Kelchblätter 3–5 mm lang, eiförmig, 1nervig; Kronblätter weißlich bis grünlichweiß, so lang wie die Kelchblätter oder kürzer; 3 Griffel. Frucht kugelig, öffnet sich mit 3 Zähnen.

Blütezeit: VI–VII. Standort: Dünen und im Spritzbereich an der Meeresküste. Verbreitung: Küsten West- und Nordeuropas.

1

2

3

1 Acker-Spark

Acker-Spörgel
Spergula arvensis
(Nelkengewächse)
Bis 30 cm hohe, drüsig behaarte Pflanze. Blätter linealisch, in Quirlen, unterseits mit Längsfurche, mit weißen Nebenblättern. Blüten 5zählig; Kelchblätter eiförmig, 2,5–4,5 mm lang, mit Hautrand; Kronblätter rundlich; 5 Griffel. Frucht öffnet sich mit 5 Zähnen; Samen linsenförmig, 1–1,8 mm breit, mit schmalem, hellbraunem Hautrand.
Blütezeit: VI–X. Standort: Felder, Wegränder, Ödland; meidet Kalk. Verbreitung: Weltweit.
Ähnliche Arten: **Frühlings-Spark,** *S. morisonii* (Samen mit breitem, bräunlichem Hautrand). – **Fünfmänniger Spark,** *S. pentandra* (Samen mit breitem, weißem Hautrand, Kronblätter lanzettlich).

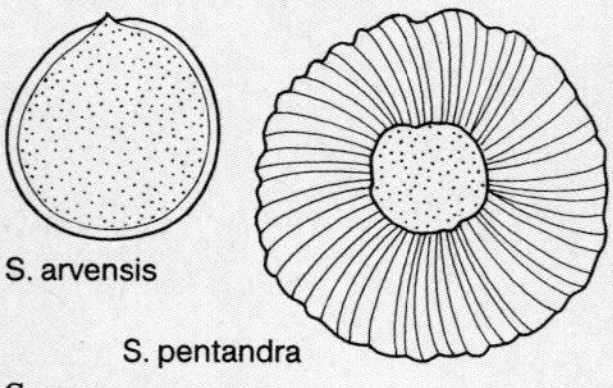

Samen

2 Nickendes Leimkraut

Silene nutans
(Nelkengewächse)
Bis 50 cm hohe, behaarte Pflanze. Stengel oben klebrig. Untere Blätter spatelförmig, obere lanzettlich. Blütenstand einseitswendig; Blüten nickend; Kelch röhrenförmig, drüsig behaart, 7–15 mm lang; Kronblätter tief 2lappig, oben weiß, unterseits oft grünlich, am Schlund mit 2teiliger Schuppe; 3 Griffel.
Blütezeit: VI–IX. Standort: Trockene Wiesen, lichte Wälder, Felshänge. Verbreitung: Fast ganz Europa; Kaukasus, Sibirien.

3 Aufgeblasenes Leimkraut

Taubenkropf, *Silene vulgaris*
(Nelkengewächse)
Bis 60 cm hohe, meist kahle Pflanze. Stengel oben nicht klebrig. Blätter eiförmig bis lanzettlich, gegenständig. Blüten in lockeren Blütenständen; Kelch aufgeblasen, blaßgrün bis weißlichrosa, 20nervig; Kronblätter tief 2lappig, weiß bis hellrosa; 3 Griffel.
Blütezeit: V–IX. Standort: Wiesen, Hochstaudenfluren, lichte Wälder, Wegränder. Verbreitung: Europa; Asien, Nordafrika, Nordamerika.

4 Kriechendes Gipskraut

Gypsophila repens
(Nelkengewächse)
Bis 30 cm hohe, kahle, blaugrüne Pflanze. Blätter schmal lanzettlich. Blüten bis 5 mm breit; Kronblätter weiß bis rosa, oft etwas ausgerandet; Kelch bis 4 mm lang, glockenförmig, 5nervig, mit trockenhäutigen Längsstreifen; 2 Griffel. Frucht öffnet sich mit 4 Zähnen.
Blütezeit: V–IX. Standort: Flußschotter, Felshänge, Trockenrasen, Felsschutt. Verbreitung: Mittel- und Südeuropa, vor allem in höheren Lagen.

1|2

3

4

1 Christrose Ⓢ ⊞

Schneerose, *Helleborus niger* (Hahnenfußgewächse)
Bis 30 cm hohe, kahle Pflanze. Stengel aufrecht, mit 1 bis 3 schuppenartigen Hochblättern, meist 1blütig. Blätter grundständig, überwinternd, glänzend grün, derb, fußförmig 7- bis 9teilig; Abschnitte gegen die Spitze scharf gesägt, im vorderen Drittel am breitesten. Blüten bis 10 cm breit; Perigonblätter weiß oder zartrosa, im Abblühen gelegentlich grünlich oder rot; Nektarblätter klein, gelb bis grünlich; Staubblätter gelb. Balgfrüchte geschnäbelt, bis 3 cm lang.
Blütezeit: IX–VII. Standort: Bergwälder, Bergwiesen; nur auf kalkhaltigen Böden. Verbreitung: Nördliche und südliche Kalkalpen östlich des Inn, vereinzelt bis zum Tessin.

2 Buschwindröschen ⊞

Anemone nemorosa (Hahnenfußgewächse)
Bis 30 cm hohe, weitgehend kahle Pflanze. Stengel aufrecht, in der Regel 1blütig. Grundblätter fehlen zur Blütezeit; 3 Stengelblätter im oberen Drittel des Stengels, deutlich gestielt, bis zum Grund 3teilig; Abschnitte tief 2- bis 5teilig und grob gezähnt. Blüten 2–4 cm breit; Blütenstiele kraus behaart; Perigonblätter 6 bis 8, gelegentlich bis 12, weiß, außen oft rosa; Staubbeutel gelb. Früchte klein, fast kugelig, dicht kurz behaart.
Blütezeit: III–V. Standort: Laubmischwälder, Buchenwälder, seltener Nadelwälder, Hecken, schattige Wiesen; auf feuchten, kalkhaltigen Böden. Verbreitung: Große Gebiete Europas.

Ähnliche Art: **Dreiblättriges Windröschen,** *A. trifolia* (nicht zerteilte, aber ziemlich fein und regelmäßig gezähnte Abschnitte der 3teiligen Stengelblätter, die Achselknospen aufweisen, weiße oder bläuliche Staubbeutel), an ähnlichen Stellen, von Nordspanien durch die Südalpen bis zu den Karpaten.

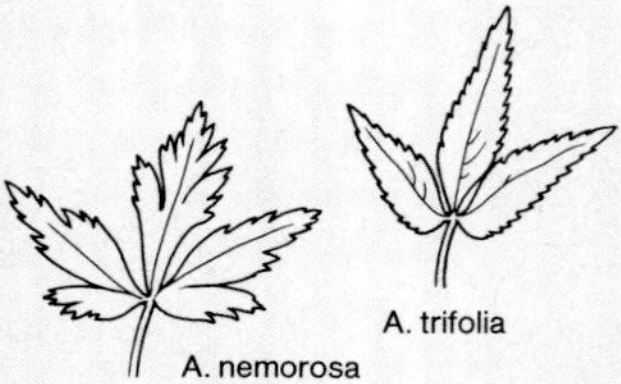

Blätter

Interessantes zur Biologie: Das Buschwindröschen beginnt seine Entwicklung häufig bereits im Spätwinter unter einer geschlossenen Schneedecke. Es nutzt die ersten warmen Tage im Frühling aus, um seinen Blütenflor zu entfalten. So hat diese Art – wie auch andere Frühjahrsblüher, so das Leberblümchen (→Seite 13) – seine Entwicklung beendet, bevor das Laub der Buchen den Waldboden in ständiges Halbdunkel hüllt.

1

2

1 Weiße Seerose Ⓢ

Nymphaea alba
(Seerosengewächse)
Wasserpflanze mit lang gestielten, auf dem Wasser schwimmenden, großen, runden, am Grunde tief eingeschnittenen Blättern. Blüten schwimmend, groß, mit bis 30 länglichen Kronblättern; Staubblätter zahlreich, bis 125.
Blütezeit: V–VIII. Standort: Nährstoffarme, stehende Gewässer. Verbreitung: Fast ganz Europa.

2 Eisenhutblättriger Hahnenfuß

Ranunculus aconitifolius
(Hahnenfußgewächse)
Bis 1 m hohe, kahle Pflanze. Grundblätter gestielt; Stengelblätter sitzend, alle fast bis zum Grund 3- bis 7teilig, mit unregelmäßig gezähnten Abschnitten. Blüten 1–2,5 cm breit; Blütenstiele behaart; Kelchblätter abfallend; 5 Kronblätter, weiß. Früchtchen klein, mit gekrümmtem Schnabel.
Blütezeit: V–VIII. Standort: Feuchte Wiesen, Waldränder, Bachufer. Verbreitung: Mittel- und südeuropäische Gebirge.

3 Flutender Hahnenfuß

Ranunculus fluitans
(Hahnenfußgewächse)
Bis 5 m lange, flutende Pflanze. Blätter in zahlreiche, fadenförmige, lange Zipfel zerteilt. Blüten schwimmend, 1,5–3 cm breit. Kronblätter verkehrt eiförmig. Früchtchen klein, oval.
Blütezeit: VI–VIII. Standort: Langsam fließende Gewässer. Verbreitung: West- und Mitteleuropa.

4 Christophskraut

Actaea spicata
(Hahnenfußgewächse)
Bis 70 cm hohe, kahle Pflanze. Blätter 3teilig mit gestielten, einfach bis doppelt gefiederten, gezähnten Abschnitten. Blüten klein, in dichter, gestielter Traube; Kronblätter 7 bis 12, die äußeren 2–3 mm lang, die inneren kürzer. Frucht eine schwarze Beere.
Blütezeit: VI–VIII. Standort: Schattige Wälder. Verbreitung: Fast ganz Europa.

5 Knoblauchsrauke

Alliaria petiolata
(Kreuzblütler)
Bis 90 cm hohe, fast kahle, beim Zerreiben nach Knoblauch riechende Pflanze. Blätter gestielt, herzförmig, stumpf gezähnt. Blüten in einer blattlosen Traube, kurz gestielt; Kelchblätter 4, halb so lang wie die weißen, 4–6 mm langen Kronblätter. Frucht eine 2–7 cm lange, 1,5–2,5 mm dikke Schote.
Blütezeit: V–VII. Standort: Feuchte Laubwälder und Gebüsche. Verbreitung: Europa; Westasien.

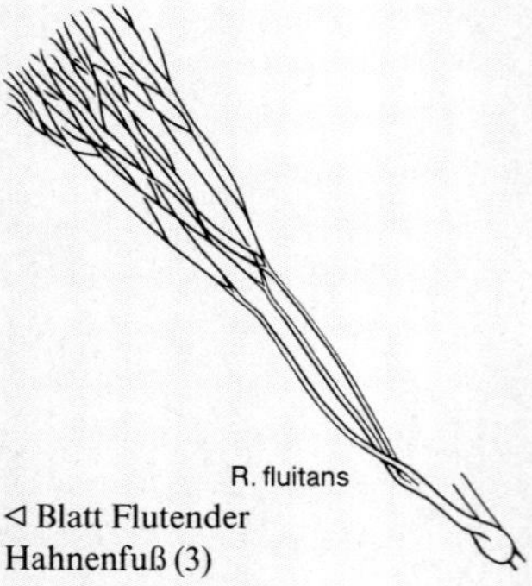

◁ Blatt Flutender Hahnenfuß (3)

1

2|3

4|5

1 Frühlings-Hungerblümchen

Erophila verna
(Kreuzblütler)
Bis 10 cm hohe Pflanze mit 2- bis 4strahligen Sternhaaren. Blätter in grundständiger Rosette, länglich, wenigzähnig. Blüten in gestielter, zunächst dichter, dann lockerer, blattloser Traube; Kronblätter klein, 2–3 mm lang, bis zur Mitte 2teilig. Frucht ein längliches, 5–12 mm langes Schötchen.
Blütezeit: III–V. Standort: Meist sandige Äcker, Wege, Mauern. Verbreitung: Europa; Asien.
Ähnliche Art: **Frühes Hungerblümchen,** *E. praecox* (Haare einfach, Schötchen eiförmig, 4–5 mm lang).

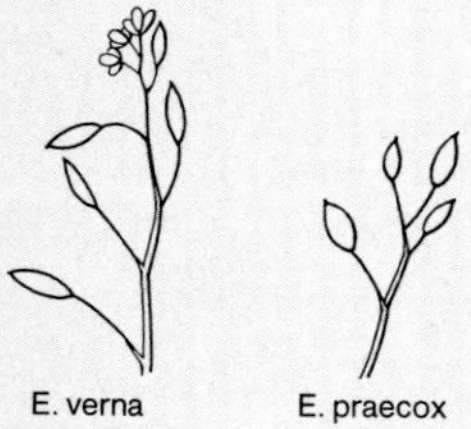

Fruchtstände

2 Pyrenäen-Löffelkraut

Cochlearia pyrenaica
(Kreuzblütler)
Bis 50 cm hohe, kahle Pflanze. Blätter rundlich bis nierenförmig, die unteren gestielt, die oberen sitzend. Blüten in einer blattlosen Traube; Kelchblätter 2–3 mm lang; 4 Kronblätter, 4–8 mm lang. Frucht ein elliptisches, beidseitig zugespitztes Schötchen; Fruchtstiele schräg aufrecht, kürzer bis so lang wie das Schötchen.
Blütezeit: V–VI. Standort: Nasse Wiesen, Quellfluren, Bachränder; auf Kalk. Verbreitung: Mitteleuropäische Gebirge.
Ähnliche Art: **Echtes Löffelkraut,** *C. officinalis* (Schötchen rundlich mit fast waagerechten Fruchtstielen, die fast doppelt so lang sind wie das Schötchen).

3 Echte Brunnenkresse

Nasturtium officinale
(Kreuzblütler)
Bis 50 cm hohe, fast kahle Pflanze. Blätter gefiedert mit 3 bis 9 Blättchen. Blüten in einer kurzen, blattlosen Traube; Kelchblätter 2–3 mm lang, kahl; 4 Kronblätter, 3,5–5 mm lang. Frucht eine 13–18 mm lange und 1,8–2,5 mm dicke Schote, in der die Samen 2reihig angeordnet sind.
Blütezeit: VI–IX. Standort: Bäche, Quellfluren, Gräben. Verbreitung: Weltweit.
Hinweis: Wird als Salatpflanze kultiviert.
Ähnliche Art: **Kleinblättrige Brunnenkresse,** *N. microphyllum* (Schoten 16–24 mm lang und 1,2–1,8 mm dick, Samen 1reihig angeordnet).

4 Pfeilkresse

Cardaria draba
(Kreuzblütler)
Bis 60 cm hohe, behaarte Pflanze. Stengelblätter sitzend und mit 2 spitzen Zipfeln den Stengel umfassend, buchtig gezähnt. Blüten in einer Traube; Kelchblätter 1,5–2 mm lang, 4 Kronblätter, 3–4 mm lang. Fruchtstiele 3- bis 4mal so lang wie die Früchte; Früchte 3–4,5 mm lang, herzförmig.
Blütezeit: V–VII. Standort: Wegränder, Schuttplätze. Verbreitung: Südeuropa; fast weltweit verschleppt.

1

2

3|4

1 Acker-Täschelkraut

Thlaspi arvense
(Kreuzblütler)
Bis 40 cm hohe, kahle Pflanze. Stengel aufrecht, einfach oder verzweigt. Blätter schmal oval, ganzrandig oder gezähnt, die unteren gestielt, die oberen sitzend, mit spitzen Zipfeln den Stengel umfassend. Blütenstand eine lockere, blattlose Traube; Kelchblätter 0,5 bis 2 mm lang, 4 Kronblätter, 3 bis 4 mm lang; Griffel 0,2 mm lang. Früchte 10 bis 18 mm lang, rund, flach, an der Spitze eingeschnitten und mit einem 3–5 mm breiten, flügelförmigen Rand versehen.
Blütezeit: IV–IX. Standort: Getreidefelder, Schuttplätze. Verbreitung: Fast weltweit.
Ähnliche Arten: **Durchwachsenes Täschelkraut,** *T. perfoliatum* (Blüten kleiner, Kronblätter 2–2,5 mm lang, Früchte an der Spitze nur mit 1 mm breitem Flügelrand), auf trokkenen Wiesen, Mauern.–

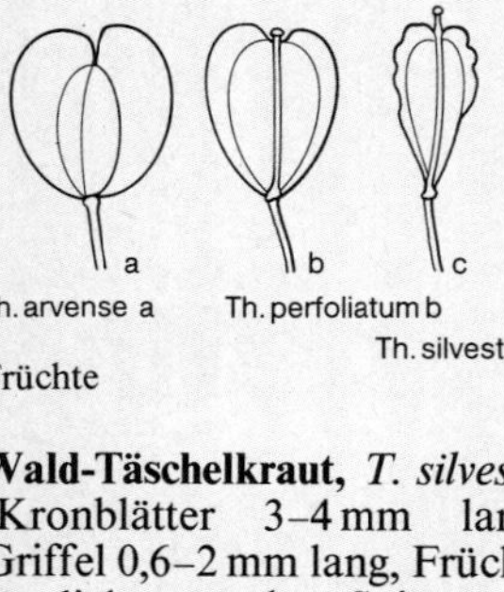

Th. arvense a Th. perfoliatum b Th. silvestre c
Früchte

Wald-Täschelkraut, *T. silvestre* (Kronblätter 3–4 mm lang; Griffel 0,6–2 mm lang, Früchte länglich, an der Spitze mit 0,8–1,8 mm breitem Flügelrand), auf Wiesen, an Böschungen.

2 Rauhe Gänsekresse

Arabis hirsuta
(Kreuzblütler)
Bis 60 cm hohe, mit einfachen und gabeligen, 2strahligen, abstehenden Haaren bedeckte Pflanze. Stengelblätter dicht stehend, dem Stengel anliegend, mit rundem oder etwas stengelumfassendem Grund sitzend, gezähnt. Blüten in einer dichten, blattlosen Traube; Kelchblätter 2–3,5 mm lang, 4 Kronblätter, schmal, 4–7 mm lang. Frucht eine 2–5 cm lange und 1–1,5 mm breite Schote mit deutlichem Mittelnerv.
Blütezeit: V–VI. Standort: Magere Wiesen, Gebüsche. Verbreitung: Fast ganz Europa; Nordasien.
Ähnliche Art: **Pfeilblättrige Gänsekresse,** *A. sagittata* (Haare im unteren Stengelteil alle einfach, Blätter den Stengel mit 1–2 mm langen Zipfeln umfassend, Mittelnerv auf den Früchten nur im unteren Teil deutlich).

3 Hirtentäschelkraut

Capsella bursa-pastoris
(Kreuzblütler)
Bis 40 cm hohe, wenig behaarte Pflanze. Grundständige Blätter in einer Rosette, gestielt, meist fiederteilig; Stengelblätter den Stengel mit 2 spitzen Zipfeln umfassend, die oberen ungeteilt. Blüten in einer lockeren, blattlosen Traube; Kelchblätter 1–2 mm lang, 4 Kronblätter, 2–3 mm lang. Früchte gestielt, verkehrt herzförmig mit fast geraden Seitenrändern.
Blütezeit: III–XII. Standort: Äcker, Wege, Gärten, Schuttplätze. Verbreitung: Fast weltweit.

1|2

3

1 Dickblatt-Fetthenne

Sedum dasyphyllum
(Dickblattgewächse)
Bis 15 cm hohe, reich verzweigte, drüsig behaarte Pflanze. Blätter oval, dick, nach unten stark, nach oben schwach gewölbt, 5–7 mm lang, sitzend. Blütenstand doldenartig, lokker- und wenigblütig; Blüten mit 5 bis 7 stumpfen, 1,5 mm langen Kelchblättern und 5 bis 7 spitzen, 3–4,5 mm langen Kronblättern, diese rosa bis weißlich mit rotem Mittelstreifen.
Blütezeit: VII–VIII. Standort: Trockene, sonnige Felsspalten. Verbreitung: Süd- und Westeuropa bis Mitteldeutschland.

2 Weiße Fetthenne

Sedum album
(Dickblattgewächse)
Bis 20 cm hohe, reich verzweigte, kahle Pflanze mit zahlreichen nichtblühenden und blütentragenden Trieben. Blätter länglich bis walzenförmig, 5–15 mm lang, im Querschnitt rund und 3–6 mm breit, sitzend. Blütenstand eine vielblütige, doldenartige Rispe; Blüten meist 5zählig; Kelchblätter 1,2–1,5 mm lang, stumpf; Kronblätter 4–5 mm lang, stumpf.
Blütezeit: VI–VIII. Standort: Felsschutt, Mauern, Trockenrasen. Verbreitung: Süd- und Mitteleuropa.

3 Knöllchen-Steinbrech

Saxifraga granulata
(Steinbrechgewächse)
Bis 50 cm hohe, zerstreut behaarte Pflanze. Grundständige Blätter in einer Rosette, in den Blattachseln Brutzwiebeln tragend, nierenförmig, stumpf gekerbt, lang gestielt; Stengelblätter kurz gestielt, ohne Brutzwiebeln. Blütenstand eine lokkere Rispe, dicht drüsig; Kelchblätter 3–5 mm lang; Kronblätter schmal oval, 15 mm lang, weiß, am Grunde gelb.
Blütezeit: V–VI. Standort: Wiesen, Trockenhänge, Mauern. Verbreitung: Fast ganz Europa.

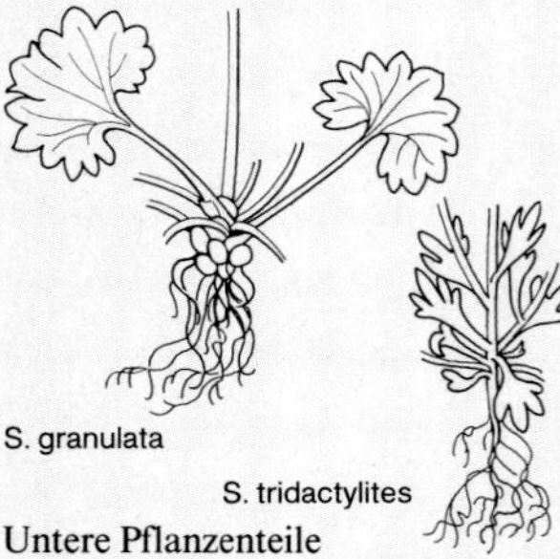

Untere Pflanzenteile

Ähnliche Art: **Dreifingriger Steinbrech,** *S. tridactylites* (bis 10 cm hoch, drüsig, Blätter spatelförmig, 3lappig, Blüten 4 mm lang).

4 Trauben-Steinbrech Ⓢ

Saxifraga paniculata
(Steinbrechgewächse)
Bis 40 cm hohe Pflanze mit zahlreichen Blattrosetten. Blätter schmal spatelig, gezähnt mit kalkausscheidenden Grübchen zwischen den Zähnen. Stengel mit wenigen, kleinen Blättern. Blütenstand eine Rispe; Kelchblätter 1,5–2,5 mm lang; Kronblätter 4–6 mm lang, oval bis rundlich, weiß und oft mit roten Punkten.
Blütezeit: VII–VIII. Standort: Steinige Rasen, Felsen. Verbreitung: Fast ganz Europa; Kleinasien.

1

2|3

4

1 Echtes Mädesüß

Filipendula ulmaria
(Rosengewächse)

Bis 2 m hohe, im oberen Teil verzweigte Pflanze. Stengel beblättert. Blätter oberseits dunkelgrün, kahl, unterseits meist weißfilzig behaart, selten fast grün, gefiedert, mit 5 bis 11 fein gezähnten Blättchen. Blüten dicht stehend, in zahlreichen vielblütigen, rispigen Teilblütenständen; Kelchblätter 1 mm lang; Kronblätter zu 5 oder 6, rundlich bis oval, 2–5 mm lang, gelblichweiß. Früchtchen kahl, schraubenartig gedreht.

Blütezeit: VI–VIII. Standort: Hochstauden, Streuwiesen, Bachufer. Verbreitung: Fast ganz Europa; ostwärts bis Ostasien.

Ähnliche Art: **Kleines Mädesüß,** *F. vulgaris* (Blätter beiderseits grün, gefiedert mit 21 bis 81 grob gezähnten Blättchen, Kronblätter zu 6, 5–10 mm lang, Früchtchen behaart, gerade, aufrecht), in trockenen, mageren Wiesen.

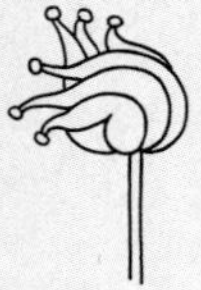

F. ulmaria
Früchtchen

F. vulgaris

2 Wald-Geißbart

Aruncus dioicus
(Rosengewächse)

Bis 2 m hohe, krautige, beblätterte Pflanze. Blätter bis 1 m lang, gestielt, 2- bis 3fach gefiedert, Teilblättchen schmal eiförmig, scharf doppelt gesägt. Blütenstand rispig, groß, mit sehr vielen, kleinen Blüten; Kelchblätter spitz, 0,5 mm lang; Kronblätter oval, 1–2 mm lang. Pflanzen getrenntgeschlechtlich. Blüten der männlichen Pflanzen mit mehr als 20 die Krone weit überragenden Staubblättern, die der weiblichen Pflanzen mit 3 Fruchtblättern und kurzen, rudimentären Staubblättern. Früchtchen kleine, nach innen aufspringende, kahle Bälge.

Blütezeit: VI–VII. Standort: Feuchte Laubwälder, Waldränder, Gebüsche. Verbreitung: Fast ganz Europa; Nord- und Ostasien, Nordamerika.

3 Bach-Nelkenwurz

Geum rivale
(Rosengewächse)

Bis 70 cm hohe Pflanze. Blätter gefiedert, die unteren mit großem, meist 3teiligem Endblättchen; Stengelblätter meist 3teilig mit grob gesägten Abschnitten und großen Nebenblättern. Blütenstand mehrblütig; Blüten lang gestielt, nickend, zur Fruchtzeit wieder aufrecht; Kelchblätter lanzettlich, rotbraun, 8–15 mm lang; Kronblätter verkehrt herzförmig, gelblichweiß, kaum länger als die Kelchblätter. Früchtchen zahlreich, kleine Nüßchen bildend, die an der Spitze von dem hakig gegliederten, bleibenden Griffel gekrönt werden.

Blütezeit: V–VIII. Standort: Nasse Wiesen, Bachufer, feuchte Wälder. Verbreitung: Europa; Nordasien, Nordamerika.

1

2|3

1 Wald-Erdbeere

Fragaria vesca

(Rosengewächse)

Bis 20 cm hohe, behaarte Pflanze mit langen, wurzelnden Ausläufern. Blätter grundständig, lang gestielt, handförmig 3teilig mit grob gezähnten Teilblättchen, Endzahn der Blättchen länger als die 2 benachbarten Zähne. Blütenstand bis 5blütig; Blütenstiele anliegend oder schief abstehend behaart; Blüten 1–1,5 cm breit, mit 5 einander berührenden Kronblättern. Frucht ist der fleischig werdende Blütenboden mit darauf sitzenden winzigen Nüßchen.

Blütezeit: V–VI. Standort: Lichte Wälder, Waldränder, Gebüsche. Verbreitung: Ganz Europa; Nordasien.

Ähnliche Art: **Zimt-Erdbeere,** *F. moschata* (Blütenstand 8- bis 15blütig, Blütenstiele senkrecht abstehend behaart, Blüten 1,5–2,5 cm breit).

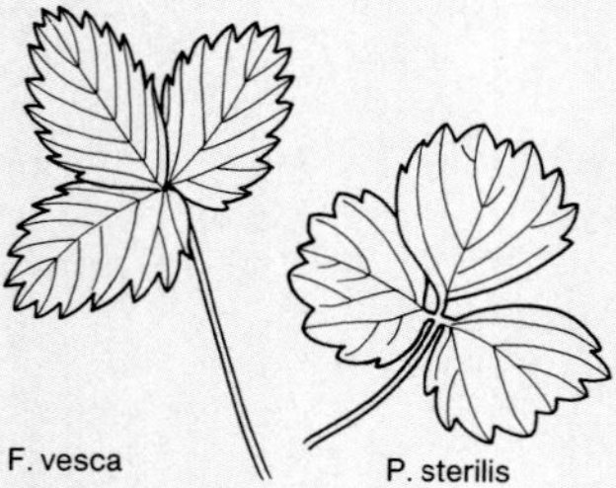

Blätter

2 Erdbeer-Fingerkraut

Potentilla sterilis

(Rosengewächse)

Bis 15 cm hohe, behaarte Pflanze mit langen, wurzelnden Ausläufern. Blätter grundständig, lang gestielt, handförmig 3teilig mit grob gezähnten Teilblättchen, Endzahn der Blättchen deutlich kleiner und kürzer als die 2 benachbarten Zähne. Blütenstand 1- bis 3blütig; Blütenstiele abstehend behaart; Blüten 1–1,5 cm breit, mit 5 einander seitlich nicht berührenden Kronblättern. Blütenboden zur Fruchtzeit nicht fleischig werdend.

Blütezeit: IV–V. Standort: Laubmischwälder, Waldränder, Wegränder. Verbreitung: Fast ganz Europa, mit Ausnahme des Mittelmeergebietes.

3 Weißes Fingerkraut

Potentilla alba

(Rosengewächse)

Bis 20 cm hohe, seidig anliegend behaarte Pflanze. Blätter grundständig, lang gestielt, handförmig 5teilig mit lanzettlichen, an der Spitze klein gezähnten Blättchen, die oberseits dunkelgrün und kahl, unterseits silbrig behaart sind. Stengel bogig aufsteigend, 1- bis 2blütig. Blüte 1,5–2,5 cm breit, mit 5 herzförmigen, einander überlappenden Kronblättern.

Blütezeit: IV–VI. Standort: Trockene Laubmischwälder. Verbreitung: Ost- und Mitteleuropa.

Hinweis: Die manchen **Fingerkraut-Arten** zur Blütezeit sehr ähnlichen **Erdbeer-Arten** unterscheiden sich durch den zur Fruchtzeit fleischig werdenden, eßbaren Blütenboden. Die Arten beider Gattungen besitzen 5 Kelchblätter und zusätzlich 5 Außenkelchblätter.

1

2

3

1 Berg-Klee

Trifolium montanum
(Schmetterlingsblütler)
Bis 50 cm hohe, anliegend behaarte Pflanze. Blätter lang gestielt, mit 3 lanzettlichen, fein gezähnten Blättchen (Kleeblatt). Blütenstand kugelig bis eiförmig, vielblütig, 1–2 cm lang, am Ende des Stengels; Kelchröhre 10nervig mit 5 schmalen Zipfeln; Krone 7–10 mm lang.
Blütezeit: V–IX. Standort: Magerwiesen, lichte Wälder. Verbreitung: Fast ganz Europa; Westasien.

2 Weiß-Klee

Steinklee, *Trifolium repens*
(Schmetterlingsblütler)
Rasig wachsende Pflanze mit niederliegenden, an den Knoten wurzelnden, wie Ausläufer wirkenden Stengeln. Blattstiele lang; Blätter 3zählig, mit verkehrt eiförmigen, fein gezähnten Blättchen. Blüten mit schwachem Honigduft, in lang gestielten, kugeligen Köpfchen; Kelchröhre 10nervig; Krone 7–12 mm lang. Frucht von Kelch und vertrockneter Krone eingeschlossen.
Blütezeit: V–IX. Standort: Mähwiesen, Rasen, Wegränder, Schuttplätze. Verbreitung: Fast weltweit.
Ähnliche Art: **Bastard-Klee,** *T. hybridum* (Stengel aufrecht, nicht ausläuferartig und wurzelnd, Kelchröhre 5nervig), auf Fettwiesen, an Wegrändern.

3 Rauhhaarige Wicke

Vicia hirsuta
(Schmetterlingsblütler)
Bis 50 cm hohe, schlaffe, behaarte Pflanze. Blätter gefiedert, mit einfacher oder verzweigter Ranke, Blättchen 12 bis 20, vorne gestutzt, linealisch. Blütenstände gestielt, 3- bis 5blütig; Stiel des Blütenstandes an der Spitze mit 1–3 mm langem, grannenartigem Fortsatz; Kelch 2–3 mm lang, die Zähne doppelt so lang wie die Röhre; Krone 3–4 mm lang. Frucht eine 6–11 mm lange, kurz behaarte, 2samige Hülse.
Blütezeit: V–VIII. Standort: Trockenrasen, Felder, Schuttplätze. Verbreitung: Europa; Westasien.
Ähnliche Art: **Viersamige Wikke,** *V. tetrasperma* (Stiel des Blütenstandes ohne Fortsatz, Kelchzähne kürzer als die Röhre, Hülse kahl, 4samig).

4 Purgier-Lein

Linum catharticum
(Leingewächse)
Zarte, bis 30 cm hohe, kahle Pflanze. Blätter gegenständig, elliptisch, sitzend, bis 1 cm lang. Blütenstand rispenartig; Blüten vor dem Aufblühen nikkend, später aufrecht; Kelchblätter 2–3 mm lang, zugespitzt; Kronblätter 5, 3–6 mm lang, weiß mit gelbem Grund.
Blütezeit: VII–VIII. Standort: Trockenwiesen; meist auf Kalk. Verbreitung: Europa; Westasien.

1

2

3|4

1 Wald-Sauerklee ⊞

Oxalis acetosella
(Sauerkleegewächse)
Bis 12 cm hohe, schwach behaarte, kleeähnliche Pflanze. Blätter grundständig, gestielt, mit 3 herzförmigen Blättchen. Blüten lang gestielt, grundständig, 5zählig; Kelchblätter schmal oval, 4–5 mm lang; Kronblätter 10–16 mm lang, weiß, mit rötlichen Nerven.
Blütezeit: IV–V. Standort: Schattige Wälder. Verbreitung: Europa; Asien, Nordamerika. Hinweis: Pflanze enthält giftige Oxalsäure!

2 Apennin-Sonnenröschen

Helianthemum apenninum
(Zistrosengewächse)
Im unteren Teil verholzte, bis 30 cm hohe, filzig behaarte Pflanze. Blätter schmal mit nach unten gerolltem Rand, bis 3 cm lang, am Grund mit 2 kurzen, nadelförmigen Nebenblättern. Blütenstand 3- bis 10blütig; Blüten 2–3 cm breit, mit 3 kurzen äußeren und 5 inneren längeren Kelchblättern und 5 rundlichen Kronblättern; Staubblätter zahlreich.
Blütezeit: V–VII. Standort: Trockenrasen, Felsen; auf Kalk. Verbreitung: Süd- bis Mitteleuropa.

3 Zweihäusige Zaunrübe

Bryonia dioica ⊞
(Kürbisgewächse)
Kletterpflanze mit bis 4 m langem, rauhhaarigem Stengel. Blätter kurz gestielt, im Umriß 5eckig, 5lappig, mit grob gezähnten Abschnitten. Pflanzen getrenntgeschlechtlich. Blüten in Trauben mit 3–4 mm langen Kelchblättern und 5 trichterartig verwachsenen, grünlichweißen, bis 1 cm langen Kronblättern; entweder nur mit Staubblättern oder nur mit Fruchtblättern. Frucht rot.
Blütezeit: VI–VII. Standort: Hecken, Waldränder, Schuttplätze. Verbreitung: West- und Mitteleuropa.

4 Gemeines Hexenkraut

Circaea lutetiana
(Nachtkerzengewächse)
Bis 60 cm hohe, kurz behaarte Pflanze. Blätter gegenständig, gestielt, oval, zugespitzt. Blütenstand eine blattlose Traube; Blüten 2zählig; Kelchblätter 2, drüsig; Kronblätter 2, tief 2teilig, 2–4 mm lang. Frucht eine mit Hakenhaaren besetzte Nuß.
Blütezeit: VII–VIII. Standort: Mischwälder, Waldwege. Verbreitung: Europa; Kleinasien, Nordafrika.

5 Ähriges Tausendblatt

Myriophyllum spicatum
(Tausendblattgewächse)
Bis 3 m lange, flutende Wasserpflanze. Blätter zu 4 quirlständig, gefiedert, mit zahlreichen fadenförmigen Abschnitten. Blüten quirlartig stehend, eine unterbrochene Ähre bildend, 4zählig; Kronblätter etwa 2 mm lang.
Blütezeit: VII–IX. Standort: Stehende Gewässer. Verbreitung: Weltweit.

1|2

3|4

5

1 Wilde Möhre

Daucus carota
(Doldengewächse)
Bis 1 m hohe, borstig behaarte Pflanze. Blätter gestielt, mit scheidenartig erweitertem Grund den Stengel umfassend, 2fach gefiedert, mit fiederteiligen Abschnitten. Blütenstand eine zur Blütezeit flache oder gewölbte, zur Fruchtzeit nestartig eingesenkte Doppeldolde, am Grunde umgeben von einer Hülle fiederig zerteilter Blätter; Blüten mit unterständigem Fruchtknoten; ohne Kelchblätter; Kronblätter 5, herzförmig ausgerandet, die in der Dolde nach außen gerichteten Kronblätter deutlich größer; die Blüte im Mittelpunkt der Gesamtdolde meist mit purpurner Krone. Früchte mit Längsreihen von Stacheln.
Blütezeit: VI–X. Standort: Fett- und Magerwiesen, Unkrautfluren. Verbreitung: Fast weltweit.

2 Große Sterndolde

Astrantia major
(Doldengewächse)
Bis 1 m hohe, kahle Pflanze. Stengel wenig beblättert, meist nur an der Spitze verzweigt. Grundblätter lang gestielt, meist 5teilig; Abschnitte oft etwas gelappt, am Rande gezähnt. Blüten unscheinbar, in einfachen Dolden; die zahlreichen, großen Hüllblätter weiß bis rötlich und bis doppelt so lang wie die Doldenstrahlen und die Früchte.
Blütezeit: VI–IX. Standort: Fettwiesen, Gebüsche, Waldränder; meist auf Kalk. Verbreitung: Mittel- und Südeuropa.
Ähnliche Art: **Bayerische Sterndolde,** *A. bavarica* (ganze Pflanze viel kleiner, Hüllblätter zart, fast durchscheinend), in den Nord- und Südalpen.

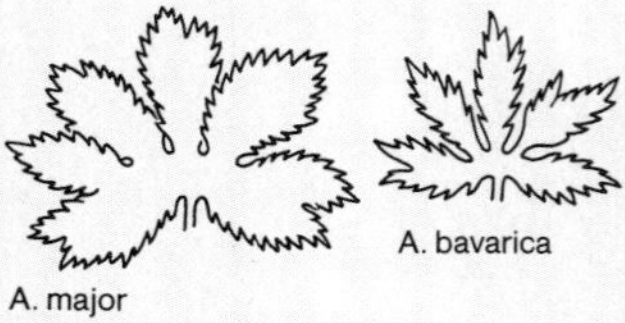

Blätter

3 Große Bibernelle

Pimpinella major
(Doldengewächse)
Bis 1 m hohe, kahle Pflanze mit kantig gefurchtem Stengel. Blätter grund- und stengelständig, am Grund des Blattstiels nur wenig scheidenartig erweitert, einfach gefiedert, mit länglichen, scharf ungleich gezähnten Abschnitten. Blütenstand eine Doppeldolde; Hülle und Hüllchen fehlen; Kronblätter 1–1,5 mm lang; Griffel 1,5 bis 2 mm lang. Frucht oval, glatt.
Blütezeit: VI–VIII. Standort: Fettwiesen, Hochstaudenfluren. Verbreitung: Fast ganz Europa.

Blattausschnitte

Ähnliche Art: **Kleine Bibernelle,** *P. saxifraga* (Stengel fein gerillt, Blattabschnitte meist rundlich, Griffel 0,8–1 mm lang, Frucht breit eiförmig bis kugelig), in Trockenwiesen und lichten Wäldern.

1

2|3

1 Gewöhnliche Sanikel

Sanicula europaea
(Doldengewächse)
Bis 50 cm hohe Pflanze. Blätter grundständig, lang gestielt, fast bis zur Mitte 5teilig, mit grob gezähnten Abschnitten; Stengelblätter klein, sitzend. Verzweigungen des Blütenstandes am Stengel doldenartig; Seitentriebe mit meist 3teiliger Verzweigung; Blüten in kopfartigen Dolden angeordnet, von 4 bis 8 Hüllblättern umgeben. Äußere Blüten männlich, zahlreich, innere 1 bis 3, weiblich. Frucht kugelig, stachelig. Blütezeit: V–VI. Standort: Laubmischwälder, Buchenwälder; auf Kalk. Verbreitung: Europa; Westasien.

2 Hundspetersilie ⊞

Aethusa cynapium
(Doldengewächse)
Bis 1 m hohe, kahle, verzweigte Pflanze. Blätter 2- bis 3fach gefiedert, dunkelgrün glänzend, mit fiederteiligen oder gezähnten Abschnitten. Blüten in einer Doppeldolde; Hülle fehlend oder aus 1 bis 2 schmalen Blättchen bestehend; Hüllchen mit 3 einseitswendigen Blättchen, die länger sind als die Blüten; Kronblätter bis 2 mm lang. Frucht länglich, mit 5 dicklichen Rippen.
Blütezeit: VI–X. Standort: Äkker, Wegränder, Schuttplätze. Verbreitung: Fast ganz Europa.

3 Behaarter Kälberkropf

Chaerophyllum hirsutum
(Doldengewächse)
Bis 1 m hohe, behaarte Pflanze. Stengel verzweigt, an den Knoten kaum verdickt. Blätter gestielt, doppelt gefiedert, mit grob gesägten Abschnitten. Blüten in Doppeldolden; Hüllblätter fehlend; Hüllchenblätter lanzettlich, am Rand zottig gewimpert; Kronblätter am Rand gewimpert. Frucht spindelförmig, 8–12 mm lang, ohne Schnabel, mit Längsrippen.
Blütezeit: V–VIII. Standort: Fettwiesen, Bachufer. Verbreitung: Europäische Gebirge.

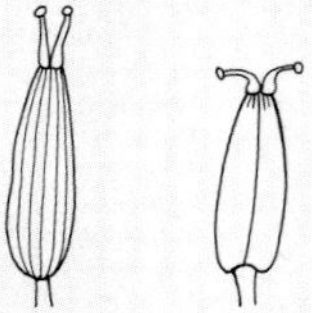

Früchte

Ähnliche Art: **Gelbfrüchtiger Kälberkropf,** *Ch. aureum* (Stengel an den Knoten verdickt, rotfleckig, Blätter 3- bis 4fach gefiedert, Kronblätter ungewimpert), an stickstoffreichen Stellen. – **Wiesen-Kerbel,** *Anthriscus sylvestris* (Blätter 2- bis 3fach gefiedert, Kronblätter kahl, Frucht spindelförmig, ohne Rippen, aber mit kurzem, gefurchtem Schnabel).

4 Gewöhnlicher Geißfuß

Giersch
Aegopodium podagraria
(Doldengewächse)
Bis 1 m hohe, kahle Pflanze. Blätter 1- bis 2fach 3zählig, mit fein gezähnten Abschnitten. Hüll- und Hüllchenblätter fehlend; Kronblätter 1,5 mm lang. Frucht eiförmig, mit fadenförmigen Rippen.
Blütezeit: VI–VIII. Standort: Auwälder, Hecken, Gärten. Verbreitung: Europa; Nordasien.

1|2

3

4

1 Wasserschierling ⊞

Cicuta virosa
(Doldengewächse)
Bis 1,5 m hohe Pflanze. Blätter 2- bis 3fach gefiedert, mit schmal lanzettlichen, spitz gezähnten Abschnitten. Hüllblätter fehlend; Hüllchenblätter sehr schmal, spitz, zurückgeschlagen; Blüten mit spitzen Kelchblättern; Kronblätter 1 mm lang. Früchte kugelig.
Blütezeit: VII–VIII. Standort: Teiche, Röhrichte. Verbreitung: Mittel- und Nordeuropa; Nordasien.

2 Gefleckter Schierling

Conium maculatum ⊞
(Doldengewächse)
Bis 2 m hohe, kahle, unangenehm riechende Pflanze. Stengel unten purpurn gefleckt. Blätter 3- bis 4fach gefiedert, mit stumpf gezähnten Abschnitten. Hüllchenblätter einseitswendig, zurückgeschlagen; Kronblätter 1,5 mm lang. Früchte eiförmig, mit gewellten Längsrippen.
Blütezeit: VII–IX. Standort: Wegränder, Schuttplätze; auf stickstoffhaltigem Boden. Verbreitung: Europa; Nordasien.

3 Echter Kümmel

Carum carvi
(Doldengewächse)
Bis 1 m hohe, kahle Pflanze mit verzweigtem Stengel. Blätter mehrfach gefiedert, mit länglichen Abschnitten, 1 Paar der Abschnitte bis zum Stengel herabgerückt. Hüll- und Hüllchenblätter meist fehlend. Frucht länglich elliptisch, braun mit hellen Rippen.
Blütezeit: V–VII. Standort: Mähwiesen, Wegränder. Verbreitung: Europa; Asien, Nordamerika.

4 Wald-Engelwurz

Angelica sylvestris
(Doldengewächse)
Bis 2 m hohe, kahle Pflanze. Blätter groß, 2fach gefiedert, mit elliptischen, gezähnten Abschnitten. Hüllblätter meist fehlend; Hüllchenblätter zahlreich; Kronblätter bis 15 mm lang. Früchte oval, mit flügelartigen Randrippen, 4–6 mm lang.
Blütezeit: VII–VIII. Standort: Auwälder, feuchte Wiesen, Hochstaudenfluren. Verbreitung: Europa; Sibirien.

5 Wiesen-Bärenklau

Heracleum sphondylium
(Doldengewächse)
Bis 2 m hohe, borstig behaarte Pflanze. Blätter gelappt bis gefiedert, die unteren gestielt, groß; Stengelblätter sitzend mit aufgeblasenen Blattscheiden. Hüllblätter fehlend; Hüllchenblätter zahlreich. Frucht eiförmig, flach, mit schmalem Flügelrand.

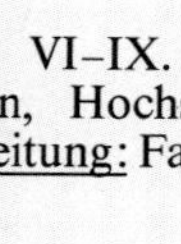

H. spondylium
Frucht

Blütezeit: VI–IX. Standort: Mähwiesen, Hochstaudenfluren. Verbreitung: Fast ganz Europa.

1

2|3

4|5

1 Nickendes Wintergrün

Orthilia secunda Ⓢ
(Wintergrüngewächse)
Bis 20 cm hohe Pflanze. Blätter im unteren Stengeldrittel gehäuft, breit lanzettlich, spitz, mit fein gezähntem Rand, kurz gestielt. Blüten in einer dichten, einseitswendigen Traube; Kelchblätter klein, 3eckig; Kronblätter 3–4 mm lang, glokkenförmig zusammenneigend, weißlichgrün; Staubbeutel ohne Spornfortsätze; Griffel gerade.
Blütezeit: VI–VII. Standort: Humose Nadelwälder. Verbreitung: Europa; Nordasien, Nordamerika.

2 Einblütiges Wintergrün

Moneses uniflora Ⓢ
(Wintergrüngewächse)
Bis 15 cm hohe Pflanze. Blätter in einer grundständigen Rosette, kurz gestielt, rundlich, fein gezähnt. Stengel nur mit einer endständigen, 12–25 mm breiten Blüte; Kelchblätter breit oval, bis zum Grunde frei; Kronblätter 8–12 mm lang, flach ausgebreitet, weiß; Staubbeutel mit 2 langen, hornartigen Anhängseln; Griffel gerade.
Blütezeit: V–VII. Standort: Nadelwälder. Verbreitung: Nord- und Mitteleuropa; Nordasien, Nordamerika.

3 Rundblättriges Wintergrün Ⓢ

Pyrola rotundifolia
(Wintergrüngewächse)
Bis 40 cm hohe Pflanze. Blätter in einer grundständigen Rosette, lang gestielt, mit runder bis breit eiförmiger, entfernt gezähnter Spreite. Blütenstand eine allseitswendige Traube; Kelchblätter 2- bis 3mal so lang wie breit, spitz; Kronblätter 6–8 mm lang, glockenförmig zusammenneigend; Hörner an den Staubbeuteln kurz; Griffel S-förmig gebogen, viel länger als der Fruchtknoten, die Kronblätter weit überragend, unter der Narbe verdickt.
Blütezeit: VI–VIII. Standort: Kiefernwälder, Lärchenwälder; auf Kalk. Verbreitung: Europa; Nordasien, Nordamerika.

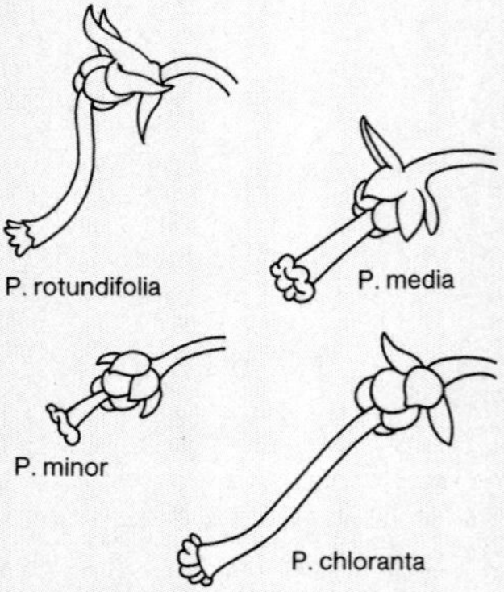

Blüten ohne Kron- und Staubblätter

Ähnliche Arten: **Mittleres Wintergrün,** *P. media* (wie Rundblättriges Wintergrün, aber mit geradem Griffel). – **Kleines Wintergrün,** *P. minor* (Kronblätter nur 3–5 mm lang, kugelig zusammenneigend, Staubbeutel ohne hornartige Fortsätze, Griffel gerade, höchstens so lang wie der Fruchtknoten, die Kronblätter nicht überragend, unter der Narbe nicht verdickt). – **Grünblütiges Wintergrün,** *P. chlorantha* (wie Rundblättriges Wintergrün, aber Kelchblätter breiter als lang und Kronblätter grünlich).

1

2|3

1 Immergrüne Bärentraube Ⓢ

Arctostaphylos uva-ursi
(Heidekrautgewächse)
Niederliegender, reich verzweigter Zwergstrauch. Blätter immergrün, derb, oval, 1–3 cm lang, ganzrandig, mit hellem, nicht verdicktem, kraus behaartem Rand; Blattstiel 1 mm lang. Blütenstände 3- bis 10blütig; Kelchblätter 5, kahl, verwachsen; Krone eiförmig verwachsen, an der Spitze kurz 5zipflig, auf der Innenseite behaart. Frucht eine rote Beere mit 6–8 mm Durchmesser.
Blütezeit: V–VII. Standort: Kiefernwälder, sandige Flächen, Heiden. Verbreitung: Europa; Nordasien, Nordamerika.

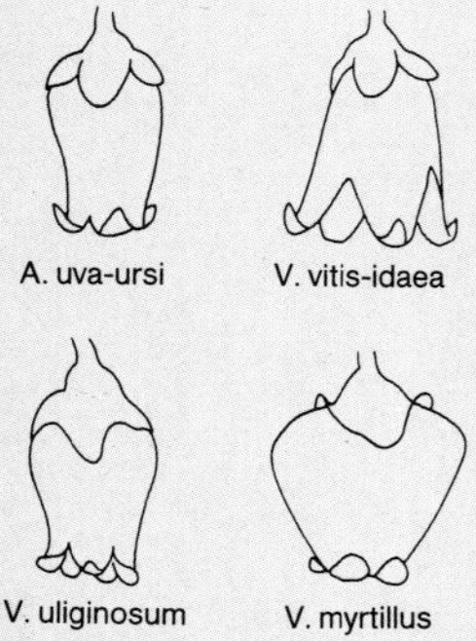

Blüten

Ähnliche Arten: **Preiselbeere,** *Vaccinium vitis-idaea* (Blätter immergrün, mit dickem, nach unten umgebogenem Rand, Krone auf der Innenseite kahl). – **Heidelbeere,** *V. myrtillus* (Zweige mit geflügelten Kanten, Blätter sommergrün, mit flachem, fein gezähntem Rand, Blüten grünlich, oft purpurn überlaufen, Frucht eine dunkelblaue Beere mit 5–8 mm Durchmesser). – **Rauschbeere,** Moorbeere, *V. uliginosum* (Blätter sommergrün, dünn, ganzrandig, oberseits blaugrün, unterseits mit deutlichem Adernetz, Blütenkrone kurz zylindrisch, 4–6 mm lang, weiß bis rosa, Frucht eine dunkelblaue Beere mit 6–8 mm Durchmesser).

2 Sumpf-Porst Ⓢ ▽

Ledum palustre
(Heidekrautgewächse)
Bis 1,5 m hoher Strauch mit aufrecht abstehenden Zweigen. Blätter lineal lanzettlich bis breit lanzettlich, derb lederig, immergrün, mit nach unten umgerolltem Rand, oberseits kahl, unterseits rotbraun filzig. Blütenstand eine Doldentraube, reichblütig; Kelch 5zähnig mit 5 runden Zipfeln; Krone sternförmig ausgebreitet, 10 bis 15 mm breit, mit 5 verkehrt eiförmigen, freien Kronblättern. Frucht eine 3–6 mm lange, eiförmige, 5klappig aufspringende Kapsel.
Blütezeit: V–VI. Standort: Hochmoore. Verbreitung: Nordeuropa, bei uns nur in Norddeutschland; Nordasien, Nordamerika.
Hinweis: Durch Trockenlegung der Moore bei uns im Verschwinden begriffen.

1

2

1 Rosmarinheide

Andromeda polifolia
(Heidekrautgewächse)
Bis 30 cm hohe, kahle Pflanze mit teilweise im Moos kriechenden Trieben. Blätter schmal lanzettlich, 1–5 cm lang, mit nach unten gerolltem Rand, immergrün. Blüten zu 2 bis 5 in einem doldenartigen Blütenstand; Kelch 5teilig; Krone verwachsen, eiförmig, 5–8 mm lang, mit 5 kurzen Zipfeln.
Blütezeit: V–VI. Standort: Hochmoore. Verbreitung: Europa, außer dem Mittelmeergebiet; Nordamerika, Nordasien.

2 Siebenstern

Trientalis europaea
(Primelgewächse)
Bis 25 cm hohe, kahle Pflanze. Untere und mittlere Stengelblätter bis zu 3, sehr klein; die übrigen Laubblätter an der Spitze des Stengels zu 5 bis 12 quirlartig angeordnet, lanzettlich, 2–5 cm lang. Blüten zu wenigen in den Achseln der oberen Blätter, lang gestielt; Kelch 4–6 mm lang; Krone flach ausgebreitet oder weit trichterförmig, fast bis zum Grund in 6 bis 7 spitze Zipfel geteilt, bis 15 mm breit.
Blütezeit: V–VII. Standort: Birkenmoore, Fichtenwälder. Verbreitung: Nord- und Mitteleuropa; Nordasien, Nordamerika.

3 Fieberklee

Menyanthes trifoliata
(Enziangewächse)
Bis 35 cm hohe, kahle Pflanze. Blätter an der Spitze des unterirdisch kriechenden Stengels, lang gestielt, am Grunde scheidenartig verbreitert; Blattspreite 3teilig, kleeartig mit ovalen Blättchen. Blütenstand eine Traube, lang gestielt; Kelch fast bis zum Grund 5teilig; Krone mit kurz trichterförmiger Röhre und 5 nach außen zurückgerollten, auf der Innenseite bärtigen Zipfeln.
Blütezeit: V–VI. Standort: Flachmoore, quellige Stellen, Röhrichte. Verbreitung: Europa; Asien, Nordamerika.

4 Schwalbenwurz

Vincetoxicum hirundinaria
(Schwalbenwurzgewächse)
Bis 1 m hohe, kaum behaarte Pflanze. Stengel unverzweigt. Blätter gegenständig, kurz gestielt, breit lanzettlich mit gerundetem oder herzförmigem Grund, unterseits auf den Nerven kurz flaumig behaart. Blütenstände in den oberen Blattachseln, aus mehreren, von kleinen, lanzettlichen Hochblättern umgebenen, knäuelartigen Teilblütenständen zusammengesetzt; Kelchzipfel 2 mm lang, spitz; Krone trichterförmig, 4–7 mm breit, tief 5zipfelig.
Blütezeit: V–VIII. Standort: Trockenrasen, lichte Wälder, Gebüsche. Verbreitung: Europa, mit Ausnahme des Nordens; Asien, Nordafrika.

1

2

3|4

1 Gemeiner Beinwell

Symphytum officinale
(Rauhblattgewächse)
Bis 1,5 m hohe, dicht behaarte Pflanze. Stengel kantig geflügelt, unverzweigt oder im oberen Teil verzweigt. Blätter lanzettlich, die unteren gestielt und bis zu 25 cm lang, die oberen kleiner und sitzend; Flügel der Blattstiele am Stengel bis zum nächsten Blatt herablaufend. Blütenstände in den Achseln der oberen Laubblätter, dicht, einseitswendig, gekrümmt; Kelch fast bis zum Grund 5teilig; Krone 1,2–2 cm lang, röhrenförmig verwachsen, im Schlund mit 5 kleinen Schuppen, die zwischen den 5 Staubblättern stehen; Griffel aus der Krone herausragend.
Blütezeit: V–VII. Standort: Feuchte Wiesen, Bachufer, Flachmoore. Verbreitung: Europa; Asien.
Hinweis: Diese Art blüht in vielen Farbvarianten. Am häufigsten sind die Blüten purpurn oder rotviolett; weiße oder gelblichweiße Blüten findet man aber auch recht häufig.

2 Gemeine Zaunwinde

Calystegia sepium
(Windengewächse)
Bis 3 m lange, windende, kahle Pflanze. Blätter herzförmig oder pfeilförmig, spitz oder stumpf, deutlich gestielt, wechselständig. Blüten einzeln in den Blattachseln, 3,5–4 cm lang, am Grund von 2 breit lanzettlichen, einander nicht überlappenden Hochblättern umgeben, die den Kelch teilweise bedecken; Kelch 10 mm lang; Krone trichterförmig, weiß, an der Spitze kurz und breit 5zipfelig.
Blütezeit: VI–IX. Standort: Auwälder, Röhrichte, Hecken, Zäune. Verbreitung: Weltweit.
Ähnliche Arten: **Wald-Winde,** *C. silvatica* (Hochblätter am Grund der Blüte aufgeblasen, einander überlappend und den ganzen Kelch einhüllend, Krone bis 7,5 cm lang), ist in 2 Unterarten bei uns verwildert und in Ausbreitung begriffen: *ssp. silvatica* (mit weißen Blüten) und *ssp. pulchra* (mit rosa Blüten).

3 Schwarzer Nachtschatten ⊞

Solanum nigrum
(Nachtschattengewächse)
Bis 60 cm hohe, schwach behaarte Pflanze. Stengel rund, glatt. Blätter breit oval bis 3eckig, buchtig gezähnt, gestielt. Blütenstände in den Achseln der oberen Blätter, 1,5–2,5 cm lang gestielt, 4- bis 10blütig; Kelch mit ovalen, stumpfen Zähnen und spitzen Buchten; Krone flach ausgebreitet, mit tief 5teiligem Rand, 6–10 mm breit. Frucht eine schwarze Beere.
Blütezeit: VI–X. Standort: Schuttplätze, Äcker, Gärten. Verbreitung: Weltweit.

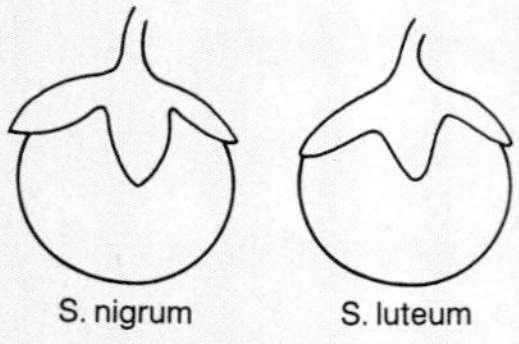

Früchte mit Kelchen

Ähnliche Art: **Gelber Nachtschatten,** *S. luteum* (Stengel kantig, dicht drüsig zottig behaart, Kelchzähne spitz, Bucht stumpf, Frucht goldgelb bis rot).

1

2|3

1 Gemeiner Andorn

Marrubium vulgare
(Lippenblütler)
Bis 60 cm hohe, dicht filzig behaarte Pflanze. Blätter gegenständig, gestielt, breit oval, 2–4 cm lang, runzelig, am Rande stumpf gezähnt. Blüten kurz gestielt, in dichten, fast kugeligen, vielblütigen, quirlähnlichen Blütenständen in den Achseln der oberen Blätter; Kelch 4–6 mm lang, dicht mit Sternhaaren bedeckt, mit 10 stacheligen, zur Fruchtzeit hakigen Zähnen; Krone 6 bis 7 mm lang.
Blütezeit: VI–VIII. Standort: Wegränder, Schuttplätze. Verbreitung: Südeuropa, bei uns nur als Unkraut verschleppt; Mittelasien.

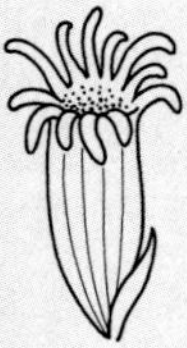

M. vulgare
Fruchtkelch

2 Gemeiner Wolfstrapp

Lycopus europaeus
(Lippenblütler)
Bis 1 m hohe, fast kahle Pflanze. Stengel einfach oder mit abstehenden Ästen. Blätter gegenständig, sitzend oder kurz gestielt, lanzettlich, 3–8 cm lang, grob und tief gezähnt, kahl oder zerstreut behaart. Blüten sitzend, zahlreich, quirlartig in den Achseln der oberen Blätter; Kelch 2,5–4 mm lang, seine Zähne lang bespitzt, doppelt so lang wie die Röhre; Krone 4–6 mm lang, weiß, die Unterlippe mit roten Punkten.
Blütezeit: VII–IX. Standort: Röhrichte, Gräben, Verlandungssümpfe. Verbreitung: Europa; Asien.
Ähnliche Art: **Weichhaariger Wolfstrapp,** *L. mollis* (Blätter breiter, oval, beiderseits dicht und anliegend behaart), südeuropäische Pflanze, die bis zu den Alpen und Karpaten an ähnlichen Standorten wächst. Eine oft übersehene Art!

3 Weiße Taubnessel

Lamium album
(Lippenblütler)
Bis 50 cm hohe, zerstreut behaarte Pflanze. Stengel 4kantig, meist unverzweigt. Blätter gegenständig, gestielt, rundlich bis breit lanzettlich, am Grund herzförmig bis gerundet, oft lang zugespitzt, am Rand grob gesägt. Blüten sitzend, in quirlähnlichen Teilblütenständen in den Achseln der oberen Blätter; Kelch trichterartig mit ungleichen, spitzen Zähnen; Krone 2–2,5 cm lang, mit gewölbter Oberlippe und nach unten gefalteter Unterlippe; Seitenabschnitte der Unterlippe mit 1 schmal lanzettlichen Zahn.
Blütezeit: IV–VIII. Standort: Gebüsche, Wegränder, Schuttplätze. Verbreitung: Große Gebiete Europas; Nord- und Ostasien.

1|2

3

1 Gemeiner Augentrost

Euphrasia rostkoviana
(Braunwurzgewächse)
Bis 30 cm hohe, im oberen Teil drüsig behaarte Pflanze. Stengel meist im unteren Teil verzweigt. Blätter sitzend, eiförmig, die oberen mit auf jeder Seite 3 bis 6 kaum begrannten Zähnen. Blüten einzeln in den Achseln der oberen Blätter; Kelch 5–6 mm lang; Krone 8–14 mm lang, sich während der Blütezeit verlängernd und mit ihrer Röhre den Kelch überragend. Frucht eine 4–6 mm lange, längliche, behaarte Kapsel.
Blütezeit: V–X. Standort: Wiesen, Weiden. Verbreitung: Europa, mit Ausnahme des Nordens und des Südens.
Ähnliche Arten: **Scheckiger Augentrost,** *E. picta* (wie der Gemeine Augentrost, aber Pflanze nicht drüsig, sondern nur einfach kurzhaarig), in den Alpen und im Alpenvorland. – **Steifer Augentrost,** *E. stricta* (mittlere und obere Blätter auf jeder Seite mit 3 bis 7 spitzen und kurz begrannten Zähnen, Krone 6–10 mm lang, sich während der Blütezeit nicht vergrößernd, ihre Röhre den Kelch nicht überragend), auf mageren Wiesen, in lichten Wäldern. – Interessantes zur Biologie: Alle **Augentrost-Arten** sind Halbschmarotzer auf Gräsern, die ihren Wasser- und Nährsalzbedarf nur mit Hilfe der Wirtswurzeln decken können.

2 Waldmeister ⊞

Galium odoratum
(Rötegewächse)
Bis 30 cm hohe, kahle Pflanze. Blätter zu 6 bis 9 quirlständig, lanzettlich, ganzrandig. Blütenstände doldenartig, endständig oder in den Achseln oberer Blätter, wenigblütig; Kelch fehlend; Krone trichterförmig, mit 1 mm langer Röhre und 4 ausgebreiteten, spitzen Zipfeln, 4–6 mm breit. Frucht nußartig, kugelig, 2–3 mm hoch, mit hakenförmigen Haaren bedeckt.
Blütezeit: IV–V. Standort: Wälder, vor allem Buchenwälder. Verbreitung: Fast ganz Europa; Nordasien.
Hinweis: Die Pflanze enthält das giftige Cumarin; sie sollte deshalb für die Maibowle nicht verwendet werden.

3 Weißes Labkraut

Galium album
(Rötegewächse)
Bis 1,5 m hohe, meist kahle Pflanze. Stengel aufsteigend, schwach 4kantig, an den Knoten etwas verdickt, glatt, mit abstehenden Ästen. Blätter in Quirlen zu 4–8, schmal, einnervig, bis 3 cm lang, zugespitzt, ganzrandig. Blüten in Rispen; Krone bis 4 mm breit, weiß bis rahmfarben, ihre 4 Kronblätter ausgebreitet, in eine fadenförmige Spitze verlängert.
Blütezeit: VI–X. Standort: Wiesen, Hecken, Waldränder. Verbreitung: Weite Teile Europas.

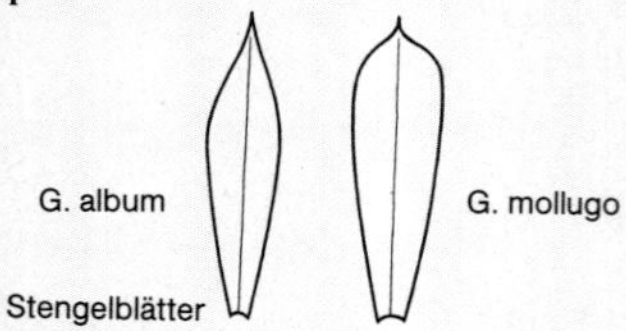

Ähnliche Art: **Wiesen-Labkraut,** *G. mollugo* (Blätter mit breiter, plötzlich in ein kurzes Spitzchen verschmälerter Spitze).

1

2|3

1 Ährige Teufelskralle

Phyteuma spicatum
(Glockenblumengewächse)
Bis 70 cm hohe Pflanze. Grundblätter herzförmig, lang gestielt, unregelmäßig doppelt gezähnt, oft dunkel gefleckt; obere Stengelblätter sitzend. Blüten in einer eiförmigen bis zylindrischen Ähre, vor dem Aufblühen gebogen, weiß, selten hellblau überlaufen, mit 2 Narben.
Blütezeit: V–VII. Standort: Laubwälder, Gebüsche, Bergwiesen; auf humus- und nährstoffreichen, feuchten Böden. Verbreitung: Mitteleuropa, von den Pyrenäen und England bis Mittelrußland.

2 Österreichische Hundskamille

Anthemis austriaca
(Korbblütler)
Bis 60 cm hohe, zerstreut behaarte Pflanze mit verzweigtem Stengel. Blätter meist 2fach fiederteilig. Blütenköpfe 2–4 cm breit, Boden des Blütenkopfes halbkugelig; Spreublätter ziemlich plötzlich in eine kurze Spitze verschmälert; Zungenblüten weiß; Röhrenblüten gelb. Früchte 4kantig, flachgedrückt, oben mit sehr kurzem, aufgesetztem Rand.
Blütezeit: VII–IX. Standort: Äcker, Wegränder, Ödland; auf kalkhaltigen, lehmigen Böden in warmen Lagen. Verbreitung: Von Südosteuropa westwärts bis zur Elbe und ins Gebiet von Regensburg; sonst überall nur verschleppt und unbeständig.

3 Gänseblümchen

Bellis perennis
(Korbblütler)
Bis 15 cm hohe, rasig wachsende Pflanze. Blätter spatelförmig, gekerbt, gestielt, in grundständiger Rosette. Stengel blattlos, 1köpfig. Röhrenblüten gelb; Zungenblüten weiß bis rosa.
Blütezeit: VI–IX. Standort: Rasen. Verbreitung: Europa; Kleinasien, vielerorts eingebürgert.

4 Kanadisches Berufskraut

Conyza canadensis
(Korbblütler)
Bis 1 m hohe, zerstreut behaarte Pflanze. Stengelblätter lanzettlich, ganzrandig oder etwas gezähnt. Blüten in zahlreichen, 3–5 mm breiten Köpfen; Zungenblüten kaum länger als die Hülle, weiß; Röhrenblüten wenig kürzer, gelblichweiß. Früchte etwa 1 mm lang, behaart, mit gelblichem Pappus. Blütezeit: VI–X. Standort: Schuttplätze, Wegränder, Bahndämme, Äcker. Verbreitung: Weltweit.

5 Zweijähriger Feinstrahl

Erigeron annuus
(Korbblütler)
Bis 1,5 m hohe, zerstreut behaarte Pflanze. Stengelblätter lanzettlich, grob gezähnt bis ganzrandig. Blüten in zahlreichen, bis 2 cm breiten Köpfen; Zungenblüten ausgebreitet, länger als die Hülle, weiß bis zartlila; Röhrenblüten gelb. Früchte etwa 1 mm, behaart, mit weißem Pappus.
Blütezeit: VI–X. Standort: Schuttplätze, Wegränder. Verbreitung: Europa.

1|2

3

4|5

1 Doldige Wucherblume

Tanacetum corymbosum
(Korbblütler)
Bis 1 m hohe, zerstreut behaarte, im oberen Teil verzweigte Pflanze. Blätter 2fach fiederteilig, mit gezähnten, lanzettlichen Abschnitten. Blütenköpfe 2–3 cm breit; Hüllblätter lanzettlich, bräunlich berandet; Zungenblüten weiß, Röhrenblüten gelb. Frucht an der Spitze mit gezähntem Rand.
Blütezeit: VI–VIII. Standort: Trockene Wälder, buschige Abhänge. Verbreitung: Fast ganz Europa.

2 Wiesen-Wucherblume

Margerite
Leucanthemum vulgare
(Korbblütler)
Bis 1 m hohe, spärlich behaarte Pflanze. Grundblätter spatelig, langgestielt, am Rand gekerbt; Stengelblätter länglich, ganzrandig bis fiederteilig, die obersten sitzend. Köpfe bis 5 cm breit; Zungenblüten weiß, Scheibenblüten gelb.
Blütezeit: V–IX. Standort: Wiesen, lichte Wälder. Verbreitung: Fast ganz Europa.

3 Gemeine Schafgarbe

Achillea millefolium
(Korbblütler)
Bis 60 cm hohe, behaarte Pflanze. Blätter 2- bis 3fach fiederteilig, mit schmal lanzettlichen Zipfeln. Blütenköpfe 4–8 mm breit; Hülle 3–4,5 mm lang; Zungenblüten weiß; Röhrenblüten gelblichweiß; zwischen den Blüten häutige Schuppen. Früchte ohne Pappus.
Blütezeit: VI–X. Standort: Fettwiesen, Weiden, Verbreitung: Europa; Nordasien.

4 Behaartes Knopfkraut

Galinsoga ciliata
(Korbblütler)
Bis 60 cm hohe, abstehend behaarte Pflanze. Blätter gegenständig, eiförmig, spitz gezähnt. Blütenköpfe wenige, 3–5 mm breit; Hülle kugelig, zerstreut drüsig; Zungenblüten 1–2 mm lang, weiß; Röhrenblüten gelb. Früchte mit Pappus aus häutigen Schuppen.
Blütezeit: V–X. Standort: Äkker und Gärten, (Unkraut). Verbreitung: Weltweit verschleppt.
Ähnliche Art: **Kleinblütiges Knopfkraut,** *G. parviflora* (Pflanze kahl oder im oberen Teil sehr spärlich anliegend behaart).

5 Stengellose Eberwurz Ⓢ

Silberdistel
Carlina acaulis
(Korbblütler)
Bis 30 cm hohe, oft fast stengellose Pflanze. Blätter in grundständiger Rosette, fiederig geteilt, mit stacheligem Rand. Blütenköpfe 5–12 cm breit; innere Hüllblätter silbrigweiß, äußere dornig gefiedert; Blüten alle röhrenförmig, weißlich bis rötlich.
Blütezeit: VI–IX. Standort: Magere Wiesen und Weiden. Verbreitung: Mittel- und Osteuropa.

1|2

3|4

5

1 Blumenbinse Ⓢ ▽

Scheuchzeria palustris
(Blumenbinsengewächse)
Bis 20 cm hohe, kahle Pflanze. Stengel beblättert. Blätter grasartig, am Grund scheidenartig verbreitert. Blüten in wenigblütigen Trauben, mit 6 kleinen, gelblichgrünen Kronblättern. Früchtchen zu 3, kleine, aufgeblasene Bälge.
Blütezeit: V–VII. Standort: Hochmoore. Verbreitung: Europa, mit Ausnahme des Südens; Nordasien, Nordamerika.

2 Schwimmendes Laichkraut

Potamogeton natans
(Laichkrautgewächse)
Schwimmende Wasserpflanze mit bis zu 2 m langen Stengeln. Blätter lang gestielt, lederig, oval, am Grunde herzförmig oder abgerundet, bis 10 cm lang. Blüten in aus dem Wasser ragenden, kurzen Ähren, klein, mit 4 Staubblättern, die am Rücken je 1 kronblattartiges, grünes Anhängsel tragen. Frucht ein Nüßchen.
Blütezeit: V–VIII. Standort: Stehende oder langsam fließende Gewässer. Verbreitung: Weltweit.
Hinweis: Es gibt zahlreiche schwimmende und untergetaucht lebende, schwer voneinander zu unterscheidende Laichkrautarten, die nur mit Hilfe von Bestimmungsbüchern bestimmt werden können.

3 Strand-Dreizack

Triglochin maritimum
(Blumenbinsengewächse)
Bis 70 cm hohe, kahle Pflanze. Blätter grasartig, am Grund scheidenartig, alle in einer grundständigen Rosette. Blütenstand eine lang gestielte, vielblütige, dichte, lange Traube; Blütenstiele sehr kurz; Kronblätter 1,5–2 mm lang, zu 6, gelbgrün; Fruchtblätter verwachsen; Narben 6. Frucht eiförmig, bei der Reife in 6 Teilfrüchte zerfallend.
Blütezeit: VI–VII. Standort: Salzwiesen an der Küste und im Binnenland. Verbreitung: Auf der Nordhalbkugel weit verbreitet.
Ähnliche Art: **Sumpf-Dreizack,** *T. palustre* (Blütentraube lokker, Narben 3, Frucht bei der Reife in 3 spitze Teilfrüchte zerfallend), in Flach- und Hochmooren, Quellfluren, Gräben.

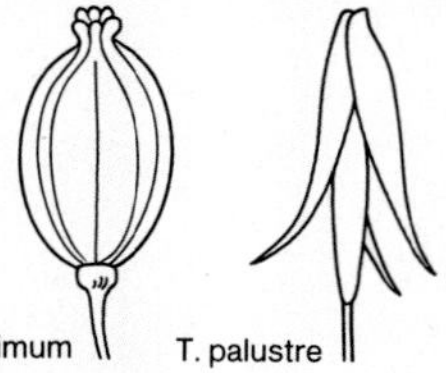

Früchte

4 Kleine Wasserlinse

Lemna minor
(Wasserlinsengewächse)
Nicht in Stengel und Blätter gegliederte, kleine Wasserpflanze. Blattartige, eiförmige Glieder auf dem Wasser schwimmend, 2–6 mm lang, zu wenigen verkettet, flach, auf der Unterseite mit 1 fadenförmigen Wurzel. Blüten winzig und sehr selten.
Blütezeit: IV–VII. Standort: Stehende und langsam fließende Gewässer. Verbreitung: Weltweit.
Ähnliche Art: **Teichlinse,** *Spirodela polyrrhiza* (wie Kleine Wasserlinse, aber Glieder auf der Unterseite mit 2 bis 10 Wurzeln).

1|2

3

4

1 Einbeere ⊞

Paris quadrifolia
(Liliengewächse)
Bis 40 cm hohe, kahle Pflanze. Stengel aufrecht. Blätter in einem Quirl an der Spitze des Stengels, meist 4, gelegentlich 5 oder 6, netznervig. Blüte endständig, auf einem 2–5 cm langen Stiel; Perigonblätter grün, in 2 Quirlen zu je 4, lanzettlich bis linealisch; 8 Staubblätter (selten mehr). Frucht eine schwarze, blau bereifte, kugelige, bis 1 cm dicke Beere.
Blütezeit: V–VI. Standort: Laubwälder, seltener Nadelwälder. Verbreitung: Fast ganz Europa; Asien.

2 Aronstab ⊞

Arum maculatum
(Aronstabgewächse)
Bis 50 cm hohe Pflanze. Blätter pfeilförmig, 10–20 cm lang, lang gestielt; Blattnerven netzartig verbunden. Blütenstand (Kolben) 5–10 cm lang, oben purpurviolett, von einem 10–25 cm langen, gelbgrünen, oft rot gefleckten Hochblatt (Spatha) umhüllt. Der reife Fruchtstand sprengt den unteren Teil der Spatha; reife Früchte leuchtendrot, im Durchmesser etwa 5 mm.
Blütezeit: IV–V. Standort: Laub- und Mischwälder; auf feuchten, kalkhaltigen, humusreichen Böden. Verbreitung: Große Gebiete Europas, fehlt in Gebieten mit kalkfreien Böden.
Interessantes zur Biologie: Der Aronstab zeigt eine eigenartige Methode, die Bestäubung seiner Blüten zu sichern. Vom Aasgeruch des Kolbens angelockt, landen kleine Mücken und Fliegen auf der Spatha oder dem Kolben; da deren Oberflächen glatt und rutschig sind, gleiten die Insekten ab und fallen in den vom unteren Teil der Spatha gebildeten Kessel, der die Blüten einhüllt. Unten rings um den Kolben stehen die weiblichen Blüten, die nur aus dem Fruchtknoten mit der Narbe bestehen, etwas darüber die männlichen Blüten, die nur aus 3 bis 4 Staubbeuteln bestehen. Oberhalb und unterhalb der männlichen Blüten versperren verkümmerte, borstenförmige Blüten den Insekten den Ausgang aus dem Kessel.

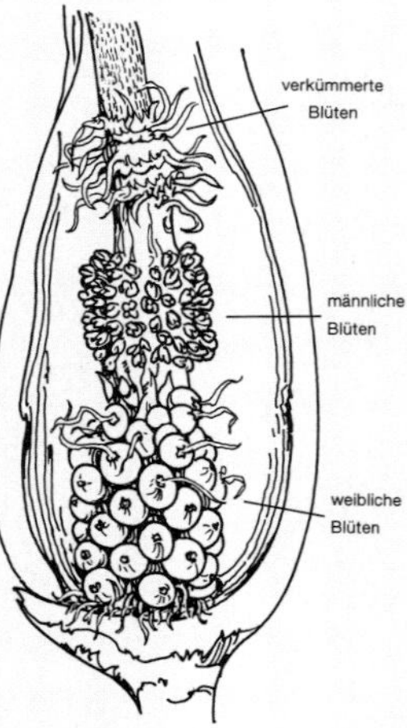

Blütenstand von A. maculatum (Längsschnitt)

Bei ihren Fluchtversuchen streifen sie den von älteren Blüten mitgebrachten Blütenstaub an den Narben ab, die nach der Bestäubung schrumpfen. Die rutschigen Flächen trocknen ab, der Kessel mit den borstenförmigen Blüten erschlafft – für die mit neuem Blütenstaub beladenen Fliegen öffnet sich der Weg nach draußen.

1

2

1 Kalmus

Acorus calamus
(Aronstabgewächse)
Bis 1,5 m hohe Pflanze. Bis 2 cm breite, grasartige, steife Blätter. Stengel 3kantig. Blütenstand (Kolben) scheinbar seitenständig, Hochblatt (Spatha) bis 10mal so lang wie der Kolben, wirkt wie die Fortsetzung des Stengels. Blüten alle sehr klein, zwitterig; Perigonblätter weniger als 1 mm lang, gelbgrün. Frucht eine rötliche Beere.
Blütezeit: V–VII. Standort: Stehende oder langsam fließende Gewässer mit schlammigem Grund; Röhricht- und Großseggengesellschaften.
Verbreitung: Große Gebiete Europas; Asien, Nordamerika.

2 Ästiger Igelkolben

Sparganium erectum
(Igelkolbengewächse)
Bis 2 m hohe Pflanze. Blätter 3kantig, bis 15 mm breit. Stengel verzweigt. Männliche und weibliche Blüten in verschiedenen, kugeligen Blütenständen auf einer Pflanze, auch an den Stengelverzweigungen männliche (oben) und weibliche (unten) Blütenstände; Blüten mit schuppenförmigen Perigonblättern. Früchte 7–11 mm lang, geschnäbelt, mit breitem, flachem oberen Teil (Schulter).
Blütezeit: VI–VIII. Standort: Stehende oder langsam fließende Gewässer; Gräben, Sümpfe. Verbreitung: Fast ganz Europa; Asien, Nordamerika.
Ähnliche Arten: **Kleinfrüchtiger Igelkolben,** *S. microcarpum* (Früchte mit einem zwiebelförmigen oberen Teil). – **Übersehener Igelkolben,** *S. neglectum* (Früchte im Umriß spindelförmig). – **Eifrüchtiger Igelkolben,** *S. oocarpum* (Früchte eiförmig bis rundlich).

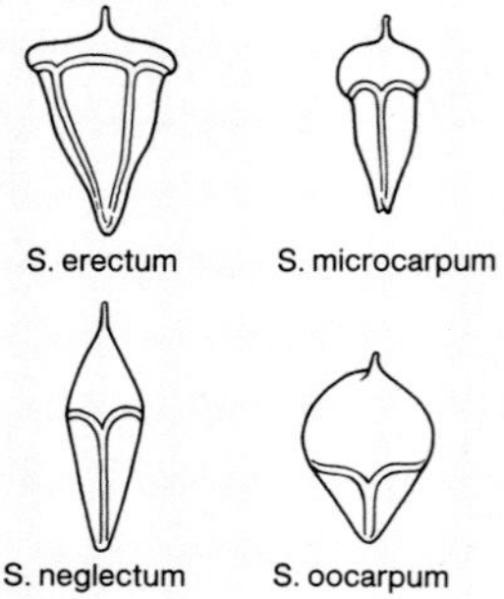

Früchte

3 Breitblättriger Rohrkolben

Typha latifolia
(Rohrkolbengewächse)
Bis 3 m hohe Pflanze. Blätter 10–20 mm breit, flach. Männliche und weibliche Blüten sehr klein, am Grund von langen Haaren umgeben, in verschiedenen, übereinanderstehenden, gleichlangen, zylindrischen Kolben, die nicht voneinander getrennt sind.
Blütezeit: VII–VIII. Standort: Stehende Gewässer mit schlammigem oder sandigem Grund, bis 1,5 m Wassertiefe.
Verbreitung: Große Gebiete Europas; Asien, Nordamerika.
Ähnliche Arten: **Schmalblättriger Rohrkolben,** *T. angustifolia* (Blätter 3–10 mm breit, unterseits gewölbt, männliche und weibliche Kolben getrennt). – **Shuttleworths Rohrkolben,** *T. shuttleworthii* (männliche und weibliche Kolben berühren einander, der männliche ist halb so lang wie der zuletzt grauhaarige weibliche Kolben). – **Zwerg-Rohrkolben,** *T. minima* (Blätter nur 1–2 mm breit, weibliche Kolben rundlich).

1|2

3

1 Fliegen-Ragwurz Ⓢ

Ophrys insectifera
(Orchideen)

Bis 40 cm hohe, kahle Pflanze mit einfachem Stengel. Blätter im unteren Teil des Stengels, oval bis lanzettlich, ganzrandig, den Stengel oft scheidenartig umfassend. Blütenstand eine armblütige Ähre; Tragblätter den obersten Stengelblättern ähnlich, länger als der Fruchtknoten; äußere 3 Blütenhüllblätter oval, grün, 5–8 mm lang, die 2 inneren oberen fadenförmig, braunrot (wie die Fühler eines Insektes aussehend); die Lippe 10–15 mm lang, braun bis rotbraun, 2mal so lang wie breit, 3teilig, der Mittellappen an der Spitze tief eingeschnitten.

Blütezeit: V–VI. Standort: Trockenrasen, lichte Kiefernwälder. Verbreitung: Fast ganz Europa.

Ähnliche Art: **Spinnen-Ragwurz,** *O. sphegodes* (äußere Blütenhüllblätter oval, 8–12 mm lang, gelbgrün, die 2 inneren oberen lanzettlich, hellgrün, Lippe etwa so lang wie breit, nur undeutlich 3teilig, an der Spitze kaum eingeschnitten), auf Trockenrasen.

O. sphegodes

Blüte

2 Nestwurz Ⓢ

Neottia nidus avis
(Orchideen)

Bis 40 cm hohe, kahle, gelblichbräunliche Pflanze mit einfachem Stengel. Blätter 4 bis 6, lanzettlich, den Stengel scheidenartig umfassend, hellbraun. Blütenstand 5–15 cm lang, vielblütig; Tragblätter schmal lanzettlich, halb so lang wie der Fruchtknoten; die 5 oberen Blütenhüllblätter zusammenneigend, oval, stumpf, 4–6 mm lang, braun; Lippe 7–12 mm lang, an der Spitze tief in 2 bandartige Zipfel geteilt.

Blütezeit: V–VI. Standort: Buchen- und Laubmischwälder; meist auf Kalk. Verbreitung: Fast ganz Europa; Sibirien.

Interessantes zur Biologie: Die Nestwurz ist ein Saprophyt: mit Hilfe von Pilzen lebt er von der organischen Substanz des Waldbodens.

3 Großes Zweiblatt Ⓢ

Listera ovata
(Orchideen)

Bis 50 cm hohe, kahle Pflanze mit einfachem Stengel. Blätter 2, über dem Stengelgrund sitzend, rundlich bis breit oval, 5–10 cm lang, stumpf, ganzrandig. Blütenstand vielblütig; Tragblätter der Blüten oval, so lang wie der Fruchtknoten; obere 5 Blütenhüllblätter zusammenneigend, stumpf, 3 bis 4 mm lang, grün; Lippe gelbgrün, 6–8 mm lang, schmal keilförmig, an der Spitze tief 2teilig.

Blütezeit: V–VII. Standort: Magerwiesen, lichte Laubmisch- und Nadelwälder; meist auf Kalk. Verbreitung: Fast ganz Europa; Nordasien.

Ähnliche Art: **Kleines Zweiblatt,** *L. cordata* (Pflanze bis 20 cm hoch, Blätter 3eckig herzförmig, bis 3 cm lang, Blütenstand wenigblütig, äußere Blütenhüllblätter grün, Lippe rot, bis 4 mm lang), in Nadelwäldern.

1

2|3

1 Haselwurz

Asarum europaeum
(Osterluzeigewächse)
Bis 10 cm hohe Pflanze. Stengel kriechend, mit bleichen Schuppenblättern besetzt. Laubblätter jeweils zu 2 an den blühenden Stengeln, lang gestielt, rundlich herzförmig, lederig, dunkelgrün. Blüten einzeln, endständig; Krone glockig, 3blättrig, am Grund verwachsen, 1–1,5 cm lang, außen grünlich, innen rotbraun.
Blütezeit: IV–V. Standort: Laubmischwälder; meist auf Kalk. Verbreitung: Fast ganz Europa; Nordasien.

2 Große Brennessel

Urtica dioica
(Brennesselgewächse)
Bis 1,5 m hohe, mit brennenden Haaren bedeckte Pflanze. Blätter gegenständig, gestielt, länglich, zugespitzt, am Grund herzförmig, grob gezähnt. Blütenstände rispenartig in den Blattachseln; Blütenhüllblätter 4, klein, grünlich.
Blütezeit: VII–X. Standort: Wegränder, Schuttplätze, Kahlschläge. Verbreitung: Weltweit.
Ähnliche Art: **Kleine Brennessel,** *U. urens* (Blätter rundlich, am Grund keilförmig).

3 Hopfen

Humulus lupulus
(Hanfgewächse)
Kletternde, bis 6 m hohe Pflanze. Blätter gestielt, gegenständig, meist tief 3- bis 7teilig, am Grund herzförmig. Männliche Blütenstände in einer Rispe, vielblütig; weibliche Blütenstände zapfenartig mit ovalen, bis 2 cm langen Tragblättern; Blüten unscheinbar.
Blütezeit: VII–IX. Standort: Auwälder, Gebüsche. Verbreitung: Fast ganz Europa; Nordasien, Nordamerika.

4 Kleiner Ampfer

Rumex acetosella
(Knöterichgewächse)
Bis 40 cm hohe Pflanze. Blätter länglich, gestielt, am Grund pfeilförmig, mit 2 spitzen Zipfeln. Blütenstand in einer lokkeren Rispe, ohne Tragblätter der Blüten; Blütenhülle klein, grünlich, 6blättrig; Blüten getrenntgeschlechtlich, männliche mit 6 Staubblättern, weibliche mit einem 3narbigen Fruchtknoten.
Blütezeit: V–VII. Standort: Nährstoffarme Äcker, Magerwiesen, Wegränder. Verbreitung: Fast ganz Europa; Westasien.

5 Krauser Ampfer

Rumex crispus
(Knöterichgewächse)
Bis 1 m hohe, kahle Pflanze. Blätter breit lanzettlich, am Rande wellig, die unteren lang gestielt. Äußere 3 Blütenblätter klein, die 3 inneren 3,5–4,5 mm lang, zur Fruchtzeit die 3kantige Nuß einschließend, eines davon auf der Außenseite mit einer kugeligen Schwiele.

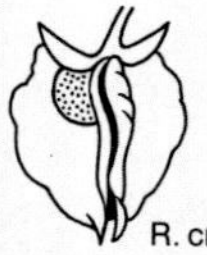
R. crispus

Blüte zur Fruchtzeit

Blütezeit: V–VII. Standort: Unkrautgesellschaften. Verbreitung: Weltweit.

1|2

3

4|5

1 Winden-Knöterich

Polygonum convolvulus
(Knöterichgewächse)
Bis 1 m lange, windende Pflanze. Blätter gestielt, pfeilförmig, bis 8 cm lang. Blüten in wenigblütigen Ähren; Blütenblätter 5, hellgrün, die 3 äußeren am Rücken gekielt. Frucht eine 3kantige, schwarze, von den Blütenblättern umhüllte Nuß.
Blütezeit: VII–IX. Standort: Äcker, Getreidefelder, Schuttplätze. Verbreitung: Weltweit.

2 Guter Heinrich

Chenopodium bonus-henricus
(Gänsefußgewächse)
Bis 80 cm hohe, meist unverzweigte, wenig behaarte Pflanze. Blätter gestielt, spießförmig, bis 10 cm lang. Blütenstand endständig, dicht, eine ährenartige Rispe; Blütenblätter 3 bis 5, klein, grünlich, mit gezähntem Rand; 5 Staubblätter. Frucht mit häutiger Wand und 1 glänzenden, linsenförmigen Samen.
Blütezeit: V–X. Standort: Wegränder, Viehläger, Schuttplätze. Verbreitung: Fast ganz Europa.

3 Gemeiner Queller

Salicornia europaea
(Gänsefußgewächse)
Bis 30 cm hohe, meist verzweigte, kahle Pflanze. Stengel gegliedert, von den fleischigen, scheidenartigen Blättern ohne Blattspreite umgeben. Blütenstand eine fleischige Ähre; Blüten winzig, zu 3 in den Achseln der oberen Blätter sitzend, ein Dreieck bildend.
Blütezeit: VIII–X. Standort: Salzhaltige Meeresküsten und Salzstellen des Binnenlandes. Verbreitung: Nordhalbkugel.

4 Kali-Salzkraut

Salsola kali
(Gänsefußgewächse)
Bis 1 m hohe, sparrig verzweigte Pflanze. Blätter schmal 3eckig, mit gelber Stachelspitze. Blütenblätter 5, aufrecht, am Rücken mit einem fächerartig geaderten, häutigen Flügel; Blüten einzeln in den Blattachseln.
Blütezeit: VII–IX. Standort: Salzhaltige Sandböden. Verbreitung: Europa; ostwärts bis Mittelasien.

5 Gemeine Melde

Atriplex patula
(Gänsefußgewächse)
Bis 1 m hohe, oft mehlartig bestäubt wirkende Pflanze. Blätter lanzettlich, gestielt. Blütenstand eine Rispe; männliche Blüten klein, mit 3 bis 5 Kronblättern; weibliche Blüten ohne Blütenhülle, von 2 rhombischen, am Grund kurz verwachsenen Hochblättern eingeschlossen.
Blütezeit: VII–X. Standort: Äcker, Wege, Schuttplätze. Verbreitung: Fast ganz Europa; Asien, Nordamerika.
Ähnliche Art: **Spießblättrige Melde,** *A. prostrata* (untere Blätter 3eckig spießförmig, Hochblätter der weiblichen Blüten am Rand mehrzähnig, auf dem Rücken mit Anhängseln).

1|2

3

4|5

1 Aufsteigender Fuchsschwanz

Amaranthus lividus
(Fuchsschwanzgewächse)
Niederliegende, bis 45 cm lange, kahle Pflanze. Blätter wechselständig, gestielt, rhombisch, an der Spitze ausgerandet, bis 5 cm lang. Blütenknäuel blattachselständig und in endständigen Rispen; Blüten mit 3 Blütenblättern. Frucht sich nicht öffnend, mit 1 Samen.
Blütezeit: VI–X. Standort: Äcker, Wege, Schuttplätze. Verbreitung: Fast weltweit in den wärmeren Gebieten.

2 Kahles Bruchkraut

Herniaria glabra
(Nelkengewächse)
Niederliegende, kriechende Pflanze mit stark verzweigten Stengeln. Blätter gegenständig, mit häutigen Nebenblättern, oval, 3–8 mm lang. Blüten klein, knäuelartig in den Blattachseln; Kelchblätter 5, 0,5 mm lang, grünlich; Kronblätter fehlend.
Blütezeit: VII–IX. Standort: Sandige Plätze, Wegränder. Verbreitung: Europa; Westasien.

3 Einjähriger Knäuel

Scleranthus annuus
(Nelkengewächse)
Bis 20 cm hohe, im oberen Teil verzweigte Pflanze. Blätter gegenständig, linealisch, bis 1,5 cm lang. Blütenknäuel am Ende der Äste; die 5 freien Kelchblätter 3–4,5 mm lang, schmal lanzettlich mit sehr schmalem, weißem Hautrand; Kronblätter fehlend.
Blütezeit: V–IX. Standort: Sandige Äcker, Wegränder. Verbreitung: Fast ganz Europa.

4 Bergwiesen-Frauenmantel

Alchemilla monticola
(Rosengewächse)
Bis 30 cm hohe, abstehend behaarte Pflanze. Grundständige Blätter lang gestielt, Spreite rundlich, 3–10 cm im Durchmesser, 7- bis 9teilig mit fast halbkreisförmigen, gezähnten Abschnitten; Stengelblätter kleiner, kurz gestielt. Blüten in einer lockeren bis dichten Rispe, klein, mit 4 abstehenden, grünen Kelchblättern; Kronblätter fehlend.
Blütezeit: V–IX. Standort: Magere Wiesen und Weiden. Verbreitung: Europa; Sibirien.

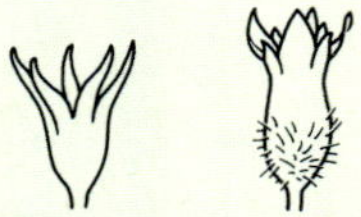

Blüten

5 Stinkende Nieswurz ⊞

Helleborus foetidus
(Hahnenfußgewächse)
Bis 50 cm hohe, kahle Pflanze. Stengel dick, verzweigt. Blätter handförmig, 3- bis 9teilig, die unteren gestielt, bis 30 cm breit, die oberen kleiner, Abschnitte lanzettlich, gezähnt. Blüten in einer Rispe, mit 5 glockig zusammenneigenden rundlichen, grünen Blütenblättern, 1–2 cm breit. Früchtchen 3 bis 5 mehrsamige, bis 2 cm lange Bälge.
Blütezeit: III–IV. Standort: Trockene Hänge, Gebüsche. Verbreitung: Süd-, West- und Mitteleuropa.

1|2

3|4

5

1 Rundblättriger Sonnentau Ⓢ

Drosera rotundifolia
(Sonnentaugewächse)
Bis 30 cm hohe Pflanze mit einfachem Stengel. Blätter alle in einer grundständigen Rosette, lang gestielt, horizontal ausgebreitet, mit rundlicher, 5–10 mm breiter Spreite, oberseits und am Rande mit roten, 1–5 mm langen, klebrigen Fangdrüsen besetzt. Stengel blattlos, einen traubenartigen, wenigblütigen Blütenstand tragend; die 5 kurzen Kelchblätter am Grund verwachsen; Kronblätter frei, 4–6 mm lang. Fruchtkapsel glatt.
Blütezeit: VI–VIII. Standort: Hochmoore, Torfmoore. Verbreitung: Europa; Sibirien, Nordamerika.

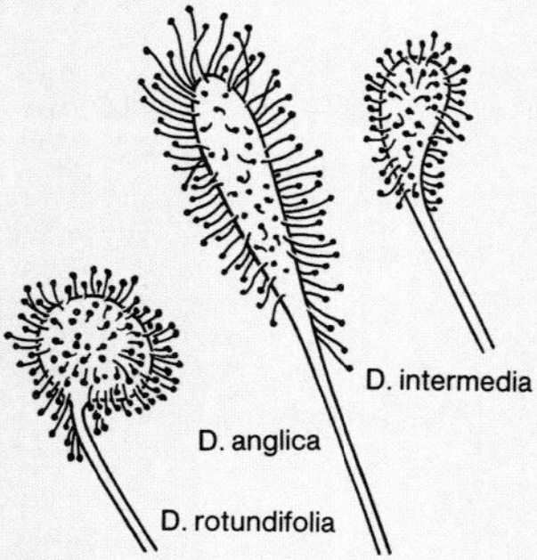

Blätter

Ähnliche Arten: **Langblättriger Sonnentau,** *D. anglica* (Blätter aufrecht, mit schmal spatelförmiger, 5- bis 10mal so langer wie breiter Spreite, Kapsel glatt). – **Mittlerer Sonnentau,** *D. intermedia* (Blätter aufrecht, mit spatelförmiger, 2- bis 3mal so langer wie breiter Spreite, Kapsel längsgefurcht), an ähnlichen Standorten.
Interessantes zur Biologie: Alle **Sonnentau-Arten** wachsen auf stickstoffarmen Hochmooren. Mit Hilfe der klebrigen Fangdrüsen fangen sie kleine Insekten, die aufgelöst werden und der Stickstoffversorgung dienen. Es sind sogenannte »fleischfressende« Pflanzen.

2 Wald-Bingelkraut

Mercurialis perennis
(Wolfsmilchgewächse)
Bis 40 cm hohe Pflanze mit einfachem Stengel. Blätter gegenständig, im oberen Teil des Stengels gedrängt, gestielt, lanzettlich, 4–12 cm lang, stumpf gezähnt. Blüten 2häusig verteilt. Männliche Pflanzen mit reichblütigen, ährenartigen Blütenständen; Blüten klein, grün, mit 3teiligem Kelch, ohne Krone, mit 8 bis 20 Staubblättern. Weibliche Pflanzen mit wenigblütigen, blattachselständigen Blütenknäueln; weibliche Blüten mit einem 2teiligen Fruchtknoten. Frucht 2fächerig mit 2 einsamigen Teilfrüchten; Fruchtstiele mehrmals so lang wie die Frucht.
Blütezeit: IV–V. Standort: Schattige Buchen- und Laubmischwälder; meist auf Kalk. Verbreitung: Europa; Südwestasien.
Ähnliche Art: **Einjähriges Bingelkraut,** *M. annua* (Stengel verzweigt, auf der ganzen Länge gleichmäßig beblättert, Fruchtstiel kürzer als die Frucht), in nährstoffreichen Unkrautgesellschaften, in Gärten, auf Äckern.

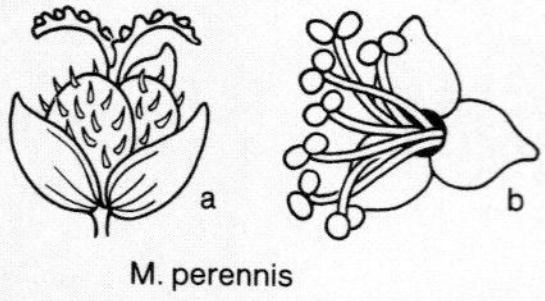

Weibliche (a) und männliche (b) Blüte

1

2

1 Sonnwend-Wolfsmilch

Euphorbia helioscopia ⊞
(Wolfsmilchgewächse)
Bis 40 cm hohe, meist verzweigte, milchsaftführende Pflanze. Blätter gegenständig, keilförmig spatelig, an der Spitze fein gezähnelt. Gesamtblütenstand doldenartig mit 3 bis 5 Strahlen; Teilblütenstände blütenähnlich, becherförmig, mit 4 ovalen, gelben Drüsen am Rande des Bechers, von je 2 nicht verwachsenen Hochblättern umgeben. Frucht 2,5–3 mm groß, 3teilig, rundlich, in 3 einsamige Teilfrüchte zerfallend.
Blütezeit: IV–VI. Standort: Unkrautfluren, Gärten, Felder. Verbreitung: Europa; Asien.

2 Mandelblättrige Wolfsmilch ⊞

Euphorbia amygdaloides
(Wolfsmilchgewächse)
Bis 70 cm hohe Pflanze mit nichtblühenden Laubtrieben, milchsaftführend. Blätter lanzettlich, lederig, ganzrandig. Gesamtblütenstand doldenartig mit 5 bis 9 Strahlen; Hochblätter zu einem rundlichen Blatt verwachsen; Teilblütenstände wie bei Sonnwend-Wolfsmilch (→ oben).
Blütezeit: IV–VI. Standort: Buchenwälder; auf Kalk. Verbreitung: Europa; Westasien.

3 Tannenwedel ▽

Hippuris vulgaris
(Tannenwedelgewächse)
Wasserpflanze mit bis 2 m langen Stengeln. Blätter zu 4 bis 20 quirlständig. Blüten klein, blattachselständig, nur aus 1 Staubblatt bestehend, das auf dem Fruchtknoten sitzt.
Blütezeit: V–VIII. Standort: Stehende bis langsam fließende Gewässer. Verbreitung: Weltweit.

4 Gewöhnlicher Wassernabel ▽

Hydrocotyle vulgaris
(Doldengewächse)
Kriechende Pflanze mit bis 1 m langem Stengel. Blätter schildförmig, rund 1,5–4 cm breit, gekerbt, in der Mitte der Unterseite lang gestielt. Blüten wenige, in kopfartiger Dolde; Kronblätter 0,8 mm lang.
Blütezeit: VII–VIII. Standort: Sümpfe, Bachufer; auf schlammigem Boden. Verbreitung: Europa.

5 Langblättriges Hasenohr

Bupleurum longifolium
(Doldengewächse)
Bis 80 cm hohe, kahle Pflanze. Blätter breit lanzettlich, bis 15 cm lang, mit zahlreichen, parallelen Nerven, die unteren gestielt, die oberen mit breiten Zipfeln stengelumfassend. Blütenstand eine Doppeldolde; Hüll- und Hüllchenblätter vorhanden, oval.
Blütezeit: VI–VIII. Standort: Lichte Laubwälder; meist auf Kalk. Verbreitung: Mitteleuropa.

1|2

3

4|5

1 Stranddistel Ⓢ

Eryngium maritimum
(Doldengewächse)
Bis 50 cm hohe, sparrig verzweigte, stachelige, kahle Pflanze. Blätter rundlich herzförmig, 3teilig, gestielt, die oberen stengelumfassend sitzend, fast handförmig gelappt, alle dornig gezähnt. Blüten zahlreich, in dichten Köpfen; Hüllblätter unter den Köpfen eiförmig, 3lappig dornig.
Blütezeit: VI–VIII. Standort: Sandige Meeresküsten. Verbreitung: Meeresküsten Europas und Nordafrikas.
Ähnliche Art: **Feld-Mannstreu,** *E. campestre* (Blätter 3teilig, Abschnitte doppelt fiederspaltig, Hüllblätter unter den Köpfen lineal lanzettlich, dornig gezähnt), auf Trockenrasen, Magerwiesen.

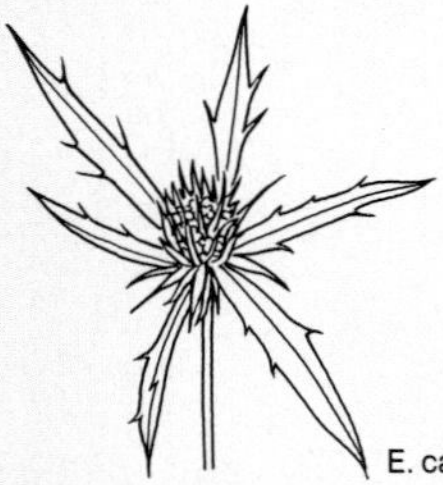

Blütenkopf mit Hüllblättern

2 Kleine Wachsblume

Cerinthe minor
(Rauhblattgewächse)
Bis 50 cm hohe, kahle Pflanze. Grundblätter länglich, in den Stiel verschmälert; Stengelblätter sitzend, stengelumfassend, blaugrün. Krone bis 1,5 cm lang, in den Buchten zwischen den lanzettlichen, geraden Kronzipfeln mit dunkelroten Flecken; Kelchzipfel eiförmig, stumpf.
Blütezeit: VI–VIII. Standort: Gebüsche, Unkrautfluren. Verbreitung: Mitteleuropa, Mittelmeergebiet; Asien.
Ähnliche Art: **Alpen-Wachsblume,** *C. glabra* (Kronzipfel eiförmig, an der Spitze zurückgebogen).

3 Bilsenkraut ⊞ ▽

Hyoscyamus niger
(Nachtschattengewächse)
Bis 80 cm hohe, zottig behaarte Pflanze. Blätter lanzettlich, buchtig gezähnt, die unteren gestielt, die oberen stengelumfassend sitzend. Blüten einzeln in den Achseln der oberen Blätter; Kelch röhrenförmig, mit 5 stechenden Zähnen; Krone trichterförmig, mit 5 ungleichen Lappen, 2–3 cm lang, gelb, violett geadert. Frucht eine Deckelkapsel.
Blütezeit: VI–X. Standort: Schuttplätze, Wegränder. Verbreitung: Europa; Asien.

4 Tollkirsche ⊞

Atropa belladonna
(Nachtschattengewächse)
Bis 1,5 m hohe, sparrig verzweigte Pflanze. Blätter breit lanzettlich, gestielt, bis 15 cm lang. Kelch 5teilig, ausgebreitet; Krone glockenförmig, mit kurzem, 5teiligem, zurückgebogenem Rand, 2,5–3,5 cm lang, außen braunviolett, innen gelbgrün mit roten Adern. Frucht eine kugelige, 1–1,5 cm breite, glänzendschwarze Beere.
Blütezeit: VI–VIII. Standort: Kahlschläge, Waldränder. Verbreitung: Europa, mit Ausnahme des Nordens; Asien.

1

2

3|4

1 Knotige Braunwurz

Scrophularia nodosa
(Braunwurzgewächse)
Bis 1,25 m hohe, kahle Pflanze. Stengel einfach, 4kantig, nicht geflügelt. Blätter gegenständig, gestielt, schmal herzförmig, gezähnt, am Grund ohne freie Abschnitte. Blüten in rispenartigen, gabeligen Teilblütenständen in den Achseln der oberen Blätter; Kelchzipfel 5, oval, sehr schmal weißrandig; Krone bauchig, 8–10 mm lang, mit 2teiliger Oberlippe und kurz 3teiliger Unterlippe, rotbraun. Frucht eine kegelförmige Kapsel.
Blütezeit: VI–VIII. Standort: Wälder. Verbreitung: Fast ganz Europa.
Ähnliche Art: **Wasser-Braunwurz,** *S. auriculata* (Stengel 4kantig, geflügelt, Blätter am Grund oft mit freien Abschnitten, Kelchzipfel rundlich, breit weißrandig, Kapsel fast kugelig), an Ufern.

S. auriculata
S. nodosa
Früchte mit Kelchen

2 Blutrote Sommerwurz

Orobanche gracilis
(Sommerwurzgewächse)
Bis 60 cm hohe, chlorophyllfreie, rötlichgelbe Pflanze mit einfachem Stengel. Blätter schuppenartig, klein. Blüten in einer dichten Ähre, in den Achseln von spitzen Tragblättern, die ⅔ so lang sind wie die Blüte; Kelch aus 2 freien, 2 spitzigen Teilen bestehend; Krone zylindrisch, schwach gebogen, 15–25 mm lang, schwach 2lippig, außen gelb, gegen den Rand purpurn überlaufen, innen blutrot.
Blütezeit: V–VIII. Standort: Trockenwiesen. Verbreitung: Südeuropa bis Süddeutschland.
Interessantes zur Biologie: Alle **Sommerwurz-Arten** sind Vollparasiten, die den Wirtspflanzen sowohl Wasser und Salze als auch organische Stoffe entziehen.

3 Schuppenwurz

Lathraea squamaria
(Braunwurzgewächse)
Bis 20 cm hohe, chlorophyllfreie, rötliche Pflanze mit einfachem Stengel. Blätter schuppenförmig, bleichrosa. Blüten in einer dichten, einseitswendigen, an der Spitze überhängenden Traube; Kelch 9–12 mm lang, mit 3–5 mm langen Zipfeln, drüsig behaart; Krone kurzröhrig mit 2teiliger Oberlippe und 3teiliger Unterlippe, hellviolett.
Blütezeit: IV–V. Standort: Feuchte Laubwälder. Verbreitung: Europa; Asien.
Interessantes zur Biologie: Die Schuppenwurz ist ein Schmarotzer auf Laubbäumen, der im Frühjahr den von den Wurzeln aufsteigenden Blutungssaft der Bäume anzapft und so Wasser, Salze und organische Nährstoffe, beispielsweise Zucker, erhält.

1|2

3

1 Gemeines Kreuzlabkraut

Cruciata laevipes
(Rötegewächse)
Bis 50 cm hohe Pflanze mit abstehenden Haaren. Stengel zart. Blätter zu 4 quirlständig, breit lanzettlich, 3nervig. Teilblütenstände in den oberen Blattachseln, 3- bis 7blütig, mit kleinen Tragblättern; Kelch fehlend; Krone 4teilig, ausgebreitet, 1,5–2,5 mm breit, hellgelb. Früchte länglich, 1,5 bis 2,5 mm hoch, runzelig.
Blütezeit: IV–VI. Standort: Wiesen, Waldränder, Wegränder. Verbreitung: Europa, mit Ausnahme des Nordens; Asien.

2 Mittlerer Wegerich

Plantago media
(Wegerichgewächse)
Bis 20 cm hohe Pflanze. Blätter in grundständiger Rosette, dem Boden anliegend, elliptisch, beiderseits kurz behaart, schwach gezähnt, in einen breiten, sehr kurzen Stiel zusammengezogen. Stengel blattlos, bogig aufsteigend, am Ende mit der dichten, zylindrischen Blütenähre. Kelchblätter 4, fast bis zum Grunde frei; Krone 4 mm lang, röhrenförmig mit 4 spitzen Zipfeln. Frucht eine 3- bis 8samige Deckelkapsel.
Blütezeit: V–IX. Standort: Trockene Wiesen. Verbreitung: Europa; Nordasien.

3 Großer Wegerich

Breit-Wegerich, *Plantago major*
(Wegerichgewächse)
Bis 30 cm hohe, schwach behaarte Pflanze. Blätter in grundständiger Rosette, schief aufsteigend, breit oval, am Grund gerundet oder herzförmig, plötzlich in den deutlich abgesetzten Stiel zusammengezogen, 5- bis 9nervig. Blütenähre dicht, zylindrisch, bis 10 cm lang, zur Fruchtzeit bis 20 cm lang; Kelchblätter 4, frei; Krone röhrenförmig mit 4 Zipfeln, gelblich. Frucht eine meist 8samige, bis 4 mm lange Deckelkapsel.
Blütezeit: VI–X. Standort: Tretgesellschaften auf Wegen, feuchte Wiesen, Viehläger. Verbreitung: Weltweit verschleppt.

4 Spitz-Wegerich

Plantago lanceolata
(Wegerichgewächse)
Bis 40 cm hohe, kahle oder schwach behaarte Pflanze. Blätter grundständig, in Rosetten, lanzettlich, zum Grund hin verschmälert, aufrecht, mit kräftigen Längsnerven. Blüten klein, in zunächst kegelförmigen, später walzenförmigen, lang gestielten Ähren; Kelch und Krone 4teilig. Frucht eine 2samige Deckelkapsel.
Blütezeit: IV–IX. Standort: Fettwiesen, Weiden, Wegränder. Verbreitung: Europa; weltweit verschleppt.

1|2

3

4

1 Moschuskraut

Adoxa moschatellina
(Moschuskrautgewächse)
Bis 15 cm hohes, zartes Kraut mit einfachem Stengel. Blätter doppelt 3teilig, die grundständigen lang gestielt, am Stengel 2, kurz gestielt. Blüten in einem 5blütigen Köpfchen, 5 mm breit, grünlich; endständige Blüte mit 4zipfliger Krone, seitenständige Blüten mit 5zipfliger Krone.
Blütezeit: III–V. Standort: Auwälder, Gebüsche. Verbreitung: Europa; Asien, Nordamerika.

2 Behaarte Karde

Dipsacus pilosus
(Kardengewächse)
Bis 1,5 m hohe, borstig bestachelte, verzweigte Pflanze. Blätter oval, gezähnt, die grundständigen lang, die stengelständigen kurz gestielt. Blüten in kugeligen Köpfen; Tragblätter lanzettlich, borstig gewimpert; Krone 4zipflig, mit 5–7 mm langer Röhre.
Blütezeit: VII–VIII. Standort: Wegränder, Schuttplätze. Verbreitung: Europa; Westasien.

3 Strahllose Kamille

Chamomilla suaveolens
(Korbblütler)
Aromatisch riechende, bis 40 cm hohe, kahle, verzweigte Pflanze. Blätter 2- bis 3fach fiederteilig. Blütenköpfe 5 bis 10 mm breit, mit kahlen Hüllblättern; Zungenblüten fehlend; Röhrenblüten an der Spitze 4zähnig, grünlich.
Blütezeit: VI–VIII. Standort: Wegränder, Schuttplätze. Verbreitung: Weltweit verschleppt.

4 Deutsches Filzkraut

Filago vulgaris
(Korbblütler)
Bis 35 cm hohe, filzig behaarte Pflanze. Stengel aufrecht, im oberen Drittel verzweigt. Blätter schmal lanzettlich, am Rande wellig, bis 2,5 cm lang. Blütenköpfchen klein, zu 20 bis 40 in kugeligen Knäueln; Zungenblüten fehlend; etwa 25 fadenförmige weibliche und 2 bis 3 zwittrige Röhrenblüten je Köpfchen.
Blütezeit: VII–IX. Standort: Trockene Grasplätze, Wegränder. Verbreitung: Süd- bis Mitteleuropa.

5 Norwegisches Ruhrkraut

Gnaphalium norvegicum
(Korbblütler)
Bis 40 cm hohe, unverzweigte, filzig behaarte Pflanze. Blätter schmal lanzettlich 3nervig. Blütenköpfchen klein, zu mehreren in den Achseln der Blätter, eine lockere Traube bildend; Hülle länglich mit dunkelbraunem, breitem Rand.
Blütezeit: VII–IX. Standort: Lichte Wälder, Grashänge. Verbreitung: Nord- und Mitteleuropa, bei uns in den Alpen und Mittelgebirgen; Sibirien.

1|2

3

4|5

1 Gemeiner Beifuß

Artemisia vulgaris
(Korbblütler)
Bis 1,3 m hohe, verzweigte Pflanze. Blätter deutlich 2farbig, oberseits grün, unterseits weiß bis graufilzig, 1- bis 2fach fiederteilig, mit lanzettlichen, gezähnten Abschnitten, die unteren gestielt, die oberen sitzend. Blütenköpfchen in einer vielköpfigen Rispe, 2–3 mm breit; mit wenigen kleinen Röhrenblüten.
Blütezeit: VII–IX. Standort: Flußufer, Wegränder, Schuttplätze. Verbreitung: Fast weltweit verschleppt.

2 Gemeines Greiskraut ⊞

Senecio vulgaris
(Korbblütler)
Bis 40 cm hohe, wenig behaarte Pflanze mit verzweigtem Stengel. Blätter lanzettlich, fiederteilig, kahl oder unterseits auf den Nerven spinnwebig behaart, die unteren gestielt, die oberen sitzend. Blütenköpfchen zahlreich in doldenartigen Rispen; Hülle zylindrisch, 6–8 mm lang und 4 mm dick, mit 1reihigen Hüllblättern, am Grunde von 2 kleinen, 1–2 mm langen Schuppenblättchen umgeben; Zungenblüten fehlend; Röhrenblüten gelb. Früchte mit 5 mm langem, weißem, haarigem Pappus.
Blütezeit: III–X. Standort: Äkker, Gärten, Schuttplätze. Verbreitung: Weltweit.
Ähnliche Arten: **Wald-Greiskraut,** *S. sylvaticus* (Pflanze zerstreut spinnwebig behaart, Köpfchen mit etwa 15 randständigen Zungenblüten mit zurückgerollten, schmalen Zungen, die die Hülle nur wenig überragen), auf Kahlschlägen, an Waldwegen. – **Klebriges Greiskraut,** *S. viscosus* (ganze Pflanze drüsig klebrig behaart, sonst wie das Wald-Greiskraut), an ähnlichen Standorten.

3 Gemeine Pestwurz

Petasites hybridus
(Korbblütler)
Zur Blütezeit bis 40 cm, zur Fruchtzeit bis 1 m hohe, graufilzig behaarte Pflanze. Grundständige Blätter gestielt, sehr groß, bis 60 cm breit, herzförmig, am Grund eingebuchtet, flach buchtig gezähnt. (→ Bild Seite 85/2.) Am Stengel nur lanzettliche, schuppenartige Blätter. Blütenköpfchen in einer dichten Traube, 2häusig verteilt, die der weiblichen Pflanzen mit 5 mm breiter Hülle, die der männlichen mit 1 cm breiter Hülle; Blüten alle röhrenförmig, mit rötlicher Krone. Früchte mit weißem, haarigem, bis 1 cm langem Pappus.
Blütezeit: III–V. Standort: Bach- und Flußufer, Erlengebüsch, feuchte Schuttplätze. Verbreitung: Fast ganz Europa; Nord- und Westasien.

1|2

3

1 Kohl-Kratzdistel

Cirsium oleraceum
(Korbblütler)

Bis 1,5 m hohe, verzweigte Pflanze. Blätter weich, kaum stechend, oval, ungeteilt oder tief fiederteilig, mit lanzettlichen, gezähnten Abschnitten, kahl oder sehr kurz behaart, die unteren gestielt, die oberen mit herzförmigem Grund stengelumfassend. Blütenköpfchen am Ende der Stengel gedrängt, von bleichgrünen Blättern eingehüllt; Hülle 1,5–2 cm lang, bräunlich; Blüten alle röhrenförmig, mit 1,5–2 cm langer, hellgelber Krone. Früchte mit Pappus, der aus fedrig behaarten Haarborsten besteht.

Blütezeit: VI–VIII. Standort: Feuchte Wiesen, Moore, Ufer, Auwälder. Verbreitung: Fast ganz Europa; Sibirien.

2 Gemeine Eberwurz

Golddistel, *Carlina vulgaris*
(Korbblütler)

Bis 30 cm hohe, verzweigte, behaarte Pflanze. Grundständige Blätter 6–8 cm lang, lanzettlich, distelartig gezähnt; obere Stengelblätter sitzend, unterseits zerstreut filzig behaart, graugrün, am ganzen Rand hartstachelig gezähnt. Blütenköpfe zu mehreren, gestielt, die sie umgebenden obersten Blätter die Hülle nicht überragend, 3 bis 5 cm breit; innerste Blätter der Hülle schmal, nach außen umgebogen und sternförmig ausgebreitet, auf der Innenseite gelblich; Blüten alle röhrenförmig, zahlreich, gelblich. Früchte mit 7–8 mm langem Pappus, der aus 10 bis 12 fedrigen, behaarten Borsten besteht.

Blütezeit: VII–VIII. Standort: Trockenwiesen, lichte Wälder. Verbreitung: Europa.

Ähnliche Arten: **Mittlere Eberwurz,** *C. intermedia* (obere Stengelblätter unterseits dicht weißfilzig behaart, am Rand nur im unteren Teil bestachelt), bei uns im Alpenvorland. –

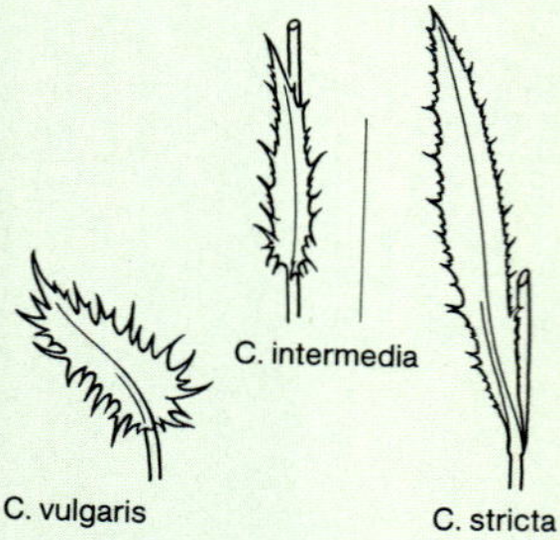

Stengelblätter

Steife Eberwurz, *C. stricta* (Stengel nur 1köpfig, grundständige Blätter 10–20 cm lang, obere Stengelblätter schmal lanzettlich, am Rand weichstachelig gezähnt, die obersten den Blütenkopf überragend), bei uns vor allem im Alpenvorland.

1

2

Kleine Pflanzenkunde

Die Blütenpflanzen stellen mit etwa 250000 bisher bekannten Arten die größte Gruppe innerhalb des Pflanzenreiches. Die wichtigsten Merkmale aller Blütenpflanzen: Gliederung der Pflanze in Wurzel, Sproßachse und Blätter, der Besitz von Blüten, die Ausbildung von Samen. Deshalb werden die Blütenpflanzen häufig auch als Samenpflanzen bezeichnet. Die außerordentlich große Formenvielfalt der Blüten ist zurückzuführen auf Rückbildungen infolge der Anpassung an die Windbestäubung, vor allem aber auf Anpassungen an die Bestäubung durch Insekten. In ihrer 100 Millionen Jahre währenden Geschichte haben sich die meisten Blütenpflanzen in engem Zusammenhang mit den Insekten entwickelt – sicher ein Grund dafür, daß beide Gruppen heute zu den arten- und formenreichsten innerhalb des Pflanzen- und Tierreichs zählen. Obwohl sich Blütenpflanzen in einer verwirrenden Formenfülle zeigen, sind sie doch alle nach einem ähnlichen Bauplan aufgebaut, der durch die drei Grundorgane Wurzel, Sproß und Blatt vorgegeben ist.

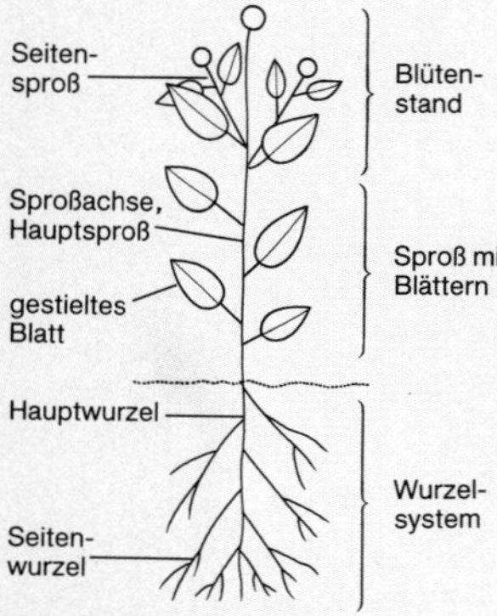

Pflanze, schematisch dargestellt

Die Wurzel

Die Wurzeln dienen der Verankerung der Pflanze im Boden sowie der Aufnahme von Wasser und Nährsalzen. Sie dringen meist tief in den Boden ein und sind blattlos. Dadurch unterscheiden sie sich von bleichen, unterirdischen Sprossen, die bleiche Schuppenblätter tragen. An der Hauptwurzel, die meist senkrecht in den Boden eindringt, entstehen Seitenwurzeln, die sich verzweigen können. So entsteht ein Wurzelsystem. Ist die Hauptwurzel mäßig verdickt, spricht man von einer Pfahlwurzel, ist sie dick und fleischig, nennt man sie eine Rübe.

Der Sproß

Gliederung des Sprosses: Der Sproß ist in Sproßabschnitte und dazwischenliegende Knoten gegliedert. An den manchmal auffallend verdickten Knoten stehen die Blätter in unterschiedlicher Anordnung. Selten bleibt der Hauptsproß unverzweigt, meist bildet er Seitenäste, die stets aus Knospen in den Blattachseln hervorgehen. Auch die Seitenäste können sich verzweigen, so daß ein Sproßsystem entsteht.

Ist der Sproß krautig und stirbt im Herbst ab, spricht man von einem Stengel, überdauert er mehrere Jahre, wird dabei dicker und verholzt, dann bezeichnet man ihn als Stamm. Sprosse wachsen an der Spitze ständig weiter und bilden dabei neue Blätter, in den Blattachseln Knospen, aus denen wiederum Seitensprosse hervorgehen können. Ebenso wie die Blätter kann auch der Sproß kahl oder in unterschiedlichster Weise behaart sein. Nach ihrer Konsistenz kann man unterscheiden: Borstenhaare (Borsten): einfach, steif, oft stechend; Filzhaare: dicht ineinander verwebt, weich; Flaumhaare: zerstreut stehend, zart; rauhe Haare: derb, lang, abstehend; Seidenhaare: dicht anliegend, weich, glänzend; Wollhaare: weich, gebogen, oft lang; Wimpern: mehrzellige, wie Augenwimpern angeordnete Haare; Drüsenhaare: gestielte Drüsen.

Umbildungen des Sprosses: Sprosse können vielfältig umgebildet sein. Ausläufer wachsen horizontal über oder unter der Erde und bilden leicht Wurzeln; an ihren Enden können wieder Tochterpflanzen entstehen. Sproßdornen sind in eine Dornenspitze auslaufende kurze Sprosse. Bei Rankensprossen sind Teile der Sproßachse zu Ranken umgebildet, mit deren Hilfe die Pflanze zu klettern vermag. Zwiebeln sind unterirdische Sprosse mit gestauchter Achse, deren Blätter fleischig sind und Wasser und Nährstoffe speichern. Erdsprosse sind unterirdisch wachsende, mit bleichen Schuppenblättern bedeckte Sprosse, die Speicherfunktion haben. Sproßknollen sind die zu Speicherorganen umgebildeten und verdickten Enden von Ausläufern.

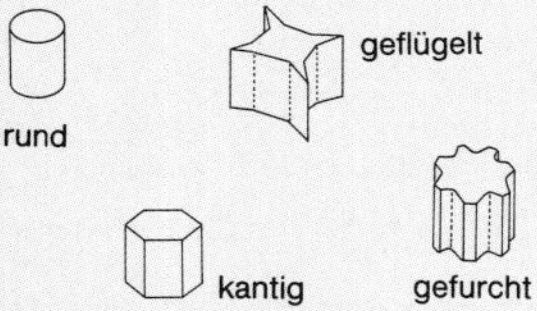

Stengelquerschnitt

Die Sproßachse ist rund, wenn ihr Querschnitt kreisförmig ist, kantig, wenn er eckig ist, geflügelt, wenn die Sproßkanten flügelartige Leisten aufweisen.

Lebensdauer der Pflanzen: Man unterscheidet zwischen ein- und zweijährigen sowie ausdauernden Pflanzen. Bei den einjährigen Pflanzen erfolgen Keimung, Wachstum, Blüte und Samenreife innerhalb eines Jahres; die zweijährigen wachsen im ersten Jahr ohne zu blühen, also nur vegetativ, und gelangen im zweiten Jahr zur Blüte. Beides sind krautige Pflanzen, die nur ein einziges Mal blühen, Samen ausbilden und danach absterben. Die ausdauernden Pflanzen dagegen blühen mehrere bis viele Jahre hintereinander. Zu ihnen gehören die Stauden, deren oberirdische, krautige Teile nach der Samenreife absterben, die Halbsträucher, deren untere verholzte Teile erhalten bleiben und im Frühjahr neu austreiben, und die Holzpflanzen, deren Sproßachsen verholzt sind und ganz erhalten bleiben (Bäume und Sträucher).

Das Blatt

Blätter sind in der Regel grüne, flächig ausgebildete Organe, die mit Hilfe des in ihnen enthaltenen Chlorophylls (Blattgrün) aus dem Kohlendioxid der Luft und aus Wasser mit Hilfe des Sonnenlichts Zucker und Stärke herstellen können – Stoffe, die jede Pflanze für ihr Wachstum braucht.

Blattstellung: Blätter wachsen als seitliche Anhängsel der Sproßachse an den Knoten. Findet sich nur ein Blatt an jedem Knoten, wobei das nächst höhere am Stengel in der Regel nicht genau über dem unteren Blatt steht, dann bezeichnet man die Blattstellung als wechselständig. Sitzen zwei Blätter an jedem Knoten, ist die Blattstellung gegenständig, wobei die Blätter von Knoten zu Knoten jeweils um 90 Grad versetzt sind. Wachsen an jedem Knoten drei bis viele Blätter, so stehen sie wirtelig oder quirlständig.

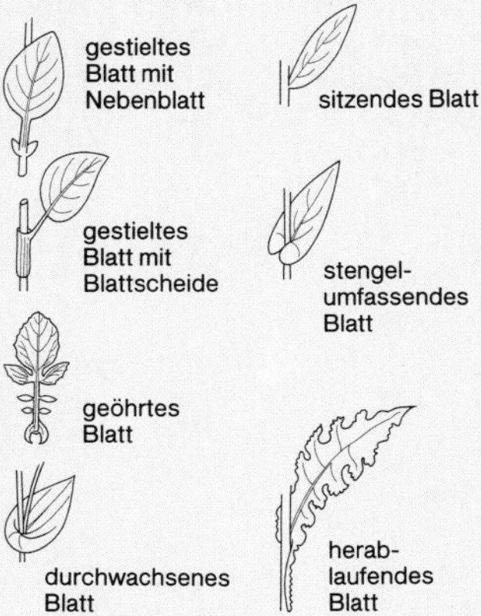

Bau des Blattes

Bau des Blattes: Ein vollständiges Blatt ist in die grüne Blattspreite, den Blattstiel und den Blattgrund gegliedert. Der Blattstiel kann fehlen, dann nennt man das Blatt sitzend, andernfalls ist es gestielt. Der Blattgrund ist häufig unscheinbar; zuweilen bildet er eine den Stengel umgebende Blattscheide oder Nebenblätter aus. Sitzende Blätter können dem Stengel mit verschmälertem Grund ansitzen; sie sind stengelumfassend, wenn sie den Stengel mit dem Spreitengrund ganz oder fast umgreifen, geöhrt, wenn am Grund seitliche spitze oder stumpfe Anhängsel vorhanden sind, und durchwachsen, wenn der Spreitengrund so ausgebildet ist, daß der Stengel scheinbar durch die Spreite hindurchwächst. Herablaufend nennt man Blätter, deren Spreite ein Stück an der Sproßachse herabzieht und mit ihr verwachsen ist.

Blattformen: Die Blattspreite, also die Blattform – oft ein wichtiges Bestimmungsmerkmal – kann sehr unterschiedlich ausgebildet sein: Es gibt einfache Blätter, deren Spreite ungeteilt ist, und zusammengesetzte Blätter. Nach dem Verlauf der Blattnerven unterscheiden wir bogen- oder parallelnervige Blätter, deren Nerven bogenförmig oder parallel verlaufen, ohne daß ein Mittelnerv hervortritt, und fiedernervige Blätter mit einem hervortretenden Mittelnerv und Seitennerven. Ein Blatt kann linealisch, lanzettlich, elliptisch, eiförmig, spießförmig, nierenförmig, herzförmig, rautenförmig, spatelförmig oder pfeilförmig sein (→ Seite 256).

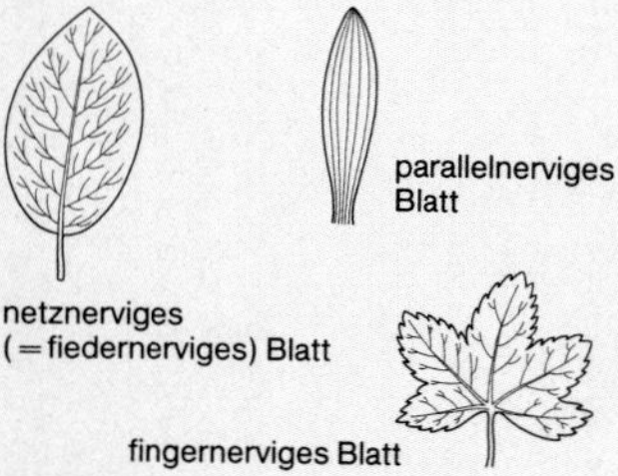

Blattformen

Auch der Rand der Blattspreite, also der Blattrand, kann unterschiedlich gestaltet sein: ganzrandig, gekerbt, gesägt, gezähnt, gebuchtet, fiedrig geteilt oder handförmig geteilt (→ Seite 256).

Ebenso vielfältig sind die Formen zusammengesetzter Blätter. Ihre Blattfläche besteht aus mehreren voneinander getrennten Blättchen; sitzen diese Blättchen paarweise an der verlängerten Blattspindel, die dem Mittelnerv eines einfachen Blattes entspricht, so haben wir ein gefiedertes Blatt, das unpaarig gefiedert ist, wenn es ein Endblättchen besitzt, und paarig gefiedert, wenn ein Endblättchen fehlt. Gefingert nennen wir ein zusammengesetztes Blatt, dessen Blättchen wie die Finger einer Hand von einem Punkt ausgehen (→ Seite 256).

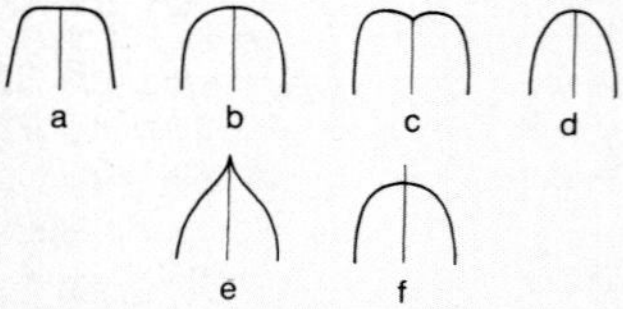

a gestutzt
b abgerundet
c ausgerandet
d stumpf
e zugespitzt
f stachelspitzig

Ausbildung von Laubblatt-Spitzen.

Umbildungen des Blattes: Wie bei Wurzel und Sproß finden wir auch Umbildungen des Blattes. Bei Dornblättern ist die Blattspreite nicht entwickelt und der Mittelnerv läuft in eine Dornspitze aus. Niederblätter sind schuppige, oft bleiche Blätter im unteren Teil des Sprosses oder an Erdsprossen. Hochblätter nennt man die Blätter im Bereich des Blütenstandes. Rankenblätter sind zu Ranken umgebildete Blätter oder Blättchen.

Die Blütenstände

Die blütentragenden Sproßabschnitte werden als Blütenstände bezeichnet. Selten trägt ein Sproß an seinem Ende nur eine Blüte, meist finden sich mehrere bis viele, die jeweils unterschiedlich angeordnet sind (→ hintere Umschlaginnenseite): Die Ähre ist aus Blüten zusammengesetzt, die ungestielt an der Blütenstandsachse sitzen; sie kann kurz und dicht gedrängt oder lang und locker sein. Die Traube ist aus gestielten Blüten zusammengesetzt, die mit unverzweigten Stielen in den Achseln von Tragblättern an der Blütenstandsachse sitzen; fehlen diese Tragblätter, dann spricht man von einer nackten Traube. Die Rispe ist eine zusammengesetzte Traube; die der Hauptachse ansitzenden Seitenachsen sind mehrblütig und oft mehrmals verzweigt. Die Dolde besteht aus Blüten, deren Stiele alle etwa gleich lang sind und einem gemeinsamen Punkt entspringen; oft umgibt eine Hülle von Tragblättern den Grund der Blütenstiele (Doldenstrahlen). Häufig sind zusammengesetzte Dolden. Der Kopf besteht aus zahlreichen Blüten, die ungestielt oder kurz gestielt am Ende der Hauptachse gedrängt stehen. Der Korb ist ein Kopf mit meist zahlreichen Blüten, die auf dem verbreiterten Ende des Sprosses (dem Köpfchenboden) sitzen und von einer aus Hochblättern gebildeten Hülle umgeben sind. Häufig wird der Korb der Körbchenblütler auch als Köpfchen bezeichnet.

Alle diese Blütenstände haben eine durchgehende Hauptachse und werden deshalb als razemös (traubig) bezeichnet. Blütenstände mit häufig verzweigten Achsen, die auch ihr Wachstum mit nur einer Blüte abschließen, bezeichnet man als zymös.

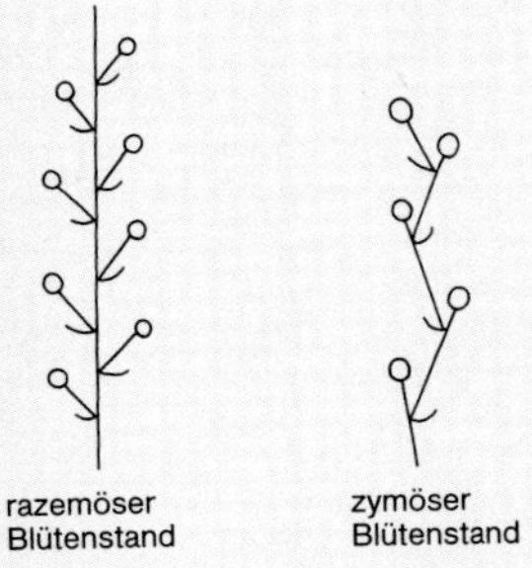

Es gibt außerdem zahlreiche Übergangsformen wie beispielsweise die Doldentraube.

Die Blüte

Aufbau der Blüte → auch Seite 1): Die Blüte ist ein gestauchter Sproß, der die Fortpflanzungsorgane trägt; ihre Einzelteile sind umgebildete Blätter: Die Blütenhülle besteht entweder aus Blütenblättern oder aus Kelch- und Kronblättern. Der männliche Blütenanteil (Androeceum) sind die Staubblätter, der weibliche Blütenanteil (Gynaeceum) die Fruchtblätter, die insgesamt als Stempel bezeichnet werden.

Blütenhülle (→ auch Seite 1): Die Blütenorgane sind meist in mehreren Kreisen angeordnet, in der Regel nebeneinander, seltener übereinander.

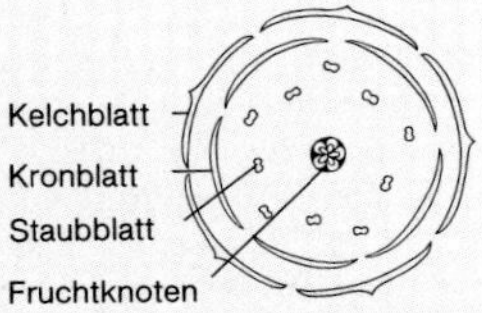

Blüten-Diagramm (Grundriß)

Wie diese Kreise aufeinander folgen, kann man besonders gut an dem als Blütendiagramm bezeichneten „Grundriß" der Blüte erkennen. Den äußeren beziehungsweise untersten Kreis bilden die Blütenblätter; sind sie gleichgestaltet, nennt man sie Perigonblätter, die Blütenhülle dann Perigon. Häufiger ist jedoch die Blütenhülle in den äußeren, meist grünen Kelch und die innere, meist farbige Krone gegliedert, wobei die Kelchblätter frei oder verwachsen sein können. Den verwachsenen Teil nennt man Kelchröhre oder Kelchbecher mit freien Kelchzähnen oder -zipfeln. Zuweilen wird der Kelch noch von einem Außenkelch umgeben – Hochblättern am Grunde des Kelches.

Die Kronblätter, insgesamt als Krone bezeichnet, bilden den nächsten Kreis der Blütenhülle. Ihre Farbe, der oft von Nektarien an ihrem Grunde abgegebene zuckerhaltige Saft und der Blütenduft locken die Insekten an. Zuweilen findet sich am Grunde der Kronblätter eine Ausstülpung, die Nektar enthält, ein Sporn. Ebenso wie die Kelchblätter können auch die Kronblätter frei oder verwachsen sein. Bei windblütigen, also durch den Wind bestäubten Pflanzen kann die Krone zurückgebildet sein oder vollständig fehlen. Man spricht dann von einer einfachen Blütenhülle.

Fortpflanzungsorgane (→ auch Seite 1): Nach innen folgen auf die Blütenhülle ein Kreis oder mehrere Kreise von Staubblättern, die aus einem meist dünnen Staubfaden bestehen und den Staubbeuteln mit dem Blütenstaub, dem Pollen. Mittelpunkt der Blüte ist der Stempel (Gynaeceum), der aus mindestens einem Fruchtblatt, oft aber aus mehreren Fruchtblättern gebildet wird, die entweder frei oder verwachsen sind. Der Stempel gliedert sich in Fruchtknoten, Griffel und Narbe (Narben). Der Fruchtknoten kann über der Blütenhülle stehen, dann ist er oberständig, oder unterhalb der Blütenhülle, dann ist er unterständig, er kann auch halbunterständig oder mittelständig sein.

Symmetrie-Verhältnisse: Hat eine Blüte mehr als zwei Symmetrie-Ebenen, so bezeichnet man sie als radiärsymmetrisch oder strahlig. Blüten mit nur einer Symmetrie-Ebene sind zygomorph, dabei ist die Blütenhülle häufig in eine Ober- und Unterlippe gegliedert. Blüten, in denen ein Geschlecht ausgefallen ist, die also entweder nur Staubblätter oder nur Fruchtblätter besitzen, nennt man eingeschlechtig.

Die Frucht

Die Frucht entsteht nach der Befruchtung aus dem Fruchtknoten, sie schützt die Samen bis zur Reife und besitzt häufig Vorrichtungen zur Samenverbreitung. Ihr Bau ist unter anderem abhängig von der Zahl der Fruchtblätter und ihrer Anordnung. Daraus ergibt sich eine große Vielfalt von Früchten (→ vordere Umschlaginnenseite).

Streufrüchte: Früchte, die sich öffnen, um ihre Samen zu entlassen, heißen Streufrüchte. Aus einem Fruchtblatt gebildet sind der Balg, der sich an der Verwachsungsnaht (Bauchnaht) öffnet, und die Hülse, die sich an Bauch- und Rückennaht öffnet. Aus mehreren Fruchtblättern zusammengesetzt ist die Kapsel, die ein- oder mehrfächerig sein kann und sich mit Spalten, Zähnen, Poren oder mittels eines Deckels öffnet. Eine Form der Kapsel ist die Schote; sie besteht aus zwei Fruchtblättern, deren verwachsene Ränder die Samen tragen. Zwischen den Rändern ist eine Scheidewand eingezogen. Die Schote öffnet sich, indem sich die Fruchtwand in zwei Klappen von den Rändern abhebt. Sind Schoten weniger als dreimal so lang wie breit, nennt man sie Schötchen.

Schließfrüchte: Früchte, die sich nicht öffnen, also gemeinsam mit dem Samen verbreitet werden, nennt man Schließfrüchte. Die Nuß ist meist einsamig mit harter Fruchtwand. Eine Art Nuß ist die Achäne, die aus einem unterständigen Fruchtknoten hervorgeht. Bei der Steinfrucht ist die Fruchtwand außen fleischig, innen verhärtet. Bei der Beere ist die ganze Fruchtwand fleischig. Spaltfrüchte zerfallen bei der Reife in mehrere Teilfrüchte. Die Sammelfrüchte entstehen aus einem Stempel (Gynaeceum) mit zahlreichen, nicht verwachsenen Fruchtblättern; jedes Fruchtblatt liefert ein Samengehäuse (Früchtchen). Die Früchtchen können als Nüßchen, kleine Bälge oder als Beerchen ausgebildet sein. Schließfrüchte sind häufig mit Vorrichtungen zur Verbreitung der Samen versehen, so mit Flügeln (Flügelnuß), mit haar- oder federartigen Anhängseln, so dem Pappus, der hervorgegangen ist aus dem umgewandelten Kelch der Körbchenblütler.

Arten-Register

Ein GU Naturführer

CIP-Kurztitelaufnahme der Deutschen Bibliothek

Lippert, Wolfgang:
GU-Naturführer Blumen: d. wichtigen Blütenpflanzen Mitteleuropas erkennen u. bestimmen / Wolfgang Lippert; Dieter Podlech. [Zeichn.; Heinz Bogner]. – 3. Aufl. – München: Gräfe und Unzer, 1985.
Bis 2. Aufl. u. d. T.: Lippert, Wolfgang:
Großer Naturführer Blumen
ISBN 3-7742-3429-9

NE: Podlech, Dieter:

3., verbesserte Auflage 1985

Redaktionsleitung: Hans Scherz
Redaktionelle Bearbeitung: Doris Schimmelpfennig-Funke
Lektorat: Ursula Osswald

Zeichnungen: Heinz Bogner
Einbandgestaltung: Heinz Kraxenberger
Reproduktion: Graphische Anstalt E. Wartelsteiner
Satz und Druck: Druckerei G. Appl
Bindung: Conzella, Verlagsbuchbinderei Urban Meister
ISBN 3-7742-3429-9

Die Fotografen:

Bellmann: Seite 23/2, 27/3, 33/2, 53/1,55/5, 57/1, 59/1, 115/2, 157/4, 159/4, 171/1, 181/2, 185/3, 189/1, 199/2, 201/2, 205/2, 229/5. Bolze: Seite 169/1. Bormann: Seite 97/1. Buff: Seite 59/3, 171/4. Dr. de Cuveland: Seite 193/4, 205/3. Dähncke: Seite 55/4. Danesch: Seite 11/1, 41/4, 79/4, 99/4, 101/3, 103/1, 115/3, 127/1, 137/2, 147/1, 171/3, 237/5. Daudt: Seite 13/1, 139/2, 219/2, 221/1, 237/1. Diedrich: Seite 35/2, 51/4, 107/5, 119/1, 125/1, 133/2, 139/4, 195/1. Egner: Seite 87/2. Eichinger: Seite 147/4, 203/1. Eigstler: Seite 67/1. Eisenbeiss: Seite 25/1, 67/4, 77/1, 101/1,2, 125/2. Garnweidner: 11/3, 17/3. Georgii: Seite 231/4. Glader: Seite 65/4. Photo-Center Greiner & Meyer: Seite 99/3, 113/2, 173/1, 185/1, 219/1, 239/1. Harms: Seite 39/2, 69/1, 89/3, 135/4, 201/1,3, 217/2, 235/2. Helo: 21/2, 129/1, 207/3, 223/1. Knapp: Seite 117/4. Dr. R. König: Seite 25/3, 45/3, 51/1, 55/1, 79/5, 131/3, 135/2, 175/1,2, 179/1, 189/3, 231/1. Kohlhaupt: Seite 19/1,2, 39/1, 55/3, 181/1, 199/1. Krebs: Seite 51/5, 87/3, 97/4, 111/3, 123/1,4, 159/2. P. Lippert: Seite 131/1, 209/3. W. Lippert: Seite 193/3, 195/3, 223/2. Lippoldmüller: Seite 93/4, 211/3. Marktanner: Seite 31/3, 103/2, 111/2, Moosrainer: Seite 145/1. Münker: Seite 123/2 151/1, 155/1. Neumaier: Seite 49/1, 79/1, 99/2, 233/2. Pforr: Seite 31/5, 61/1, 71/2, 193/1, 201/4, 235/1. Pott: Seite 29/3, 41/1, 71/3, 73/1, 77/3, 99/5, 117/2, 135/3, 139/1, 165/3, 175/5, 241/2. Reinhard: Seite 2, 3, 9/1, 15/1, 27/2, 4, 37/1, 39/3, 69/2, 73/2, 83/1, 91/2, 95/1,2, 103/3, 105/1, 115/1, 117/1, 133/1, 149/1, 153/1,2, 161/1,3, 167/1, 177/1, 179/3, 183/1,2, 197/1, 209/5, 215/1,2, 225/5, 227/1,2, 233/3, 239/3. Reisigl: Seite 111/1. Reuter: Seite 9/2, 15/2, 67/3, 85/2, 161/2, 191/3, 195/2, 221/2. Rosmarion: Seite 9/3, 21/3, 31/1, 33/5, 53/3, 65/3, 67/2, 77/2, 89/2, 91/1, 107/4, 109/1,2, 119/4, 121/1, 125/3, 141/3, 149/2, 151/3, 155/3, 173/2, 187/1,2, 191/1, 203/3, 211/2, U 1, U 4. Ruckstuhl: Seite 15/5, 121/4, 135/1, 143/2, 169/2, 235/3,4. Sammer: Seite 33/1, 43/3, 45/1, 81/2, 205/1. Seidl: Seite 17/4. Siedel: Seite 31/4, 107/2, 117/5, 137/3, 207/2. Singer: Seite 23/1, 79/3, 123/3, 169/3, 221/4,5, 225/4, 239/2. Skibbe: Seite 25/2. Schimmitat: Seite 15/3, 17/2, 21/4, 27/1, 33/4, 43/1,4, 45/2, 47/1,2,3,4,5, 49/2,3, 51/2, 55/2, 57/2, 59/2, 63/1,3, 65/2, 71/1, 75/1,4, 79/2, 83/4,5, 89/1,4, 97/3, 99/1, 107/1,3, 119/2, 121/1,2,3, 129/3, 133/3, 137/1, 141/1, 151/2,4,5, 157/1,2, 159/1, 165/1,2, 171/2, 177/2,3, 185/2, 187/3,4, 189/2,4, 193/2, 203/2, 207/1, 209/2,4, 211/1,4, 213/1,2,3, 219/3, 223/3,4,5, 225/1,2,3, 229/2,4, 231/3, 237/4. Schmelzenbach: Seite 29/1, 33/3, 127/2, 129/2, 131/4, 139/5, 141/5, 149/2, 157/3, 183/3, 217/3, 221/3. Schremmer: Seite 75/3. Schrempp: Seite 11/2,4, 17/1, 25/4, 31/2, 41/2, 53/2, 61/2, 65/1, 69/3, 83/2, 93/1,3, 117/3, 135/5, 141/2, 143/1, 163/1,2, 167/2, 177/4, 179/2, 181/3, 189/5, 195/4, 217/1, 237/2, 241/1. Tönges: Seite 175/4. Vetter: Seite 159/3, 197/2. Wothe: Seite 13/2, 15/4, 21/1, 23/3, 29/2, 35/1,3, 37/2, 41/3, 43/2,4, 51/3, 59/5, 61/3, 63/2, 75/2, 81/3, 85/1, 87/1,4, 89/5, 93/2, 97/2, 109/3,4, 113/1, 119/3, 139/3, 141/4, 145/3, 147/2,3, 155/2, 157/5, 165/4,5, 175/3, 181/4, 191/2, 195/5, 197/3, 209/1, 213/4, 229/1,3, 233/1, 237/3. Zettl: Seite 81/1, 83/3, 105/2.

Blattformen

Einfache Blätter

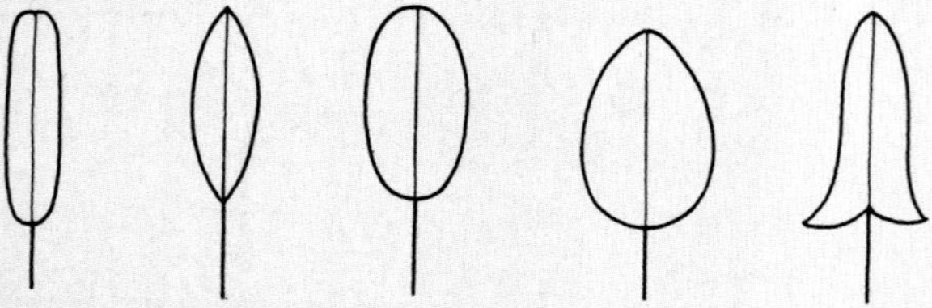

linealisch lanzettlich elliptisch eiförmig spießförmig

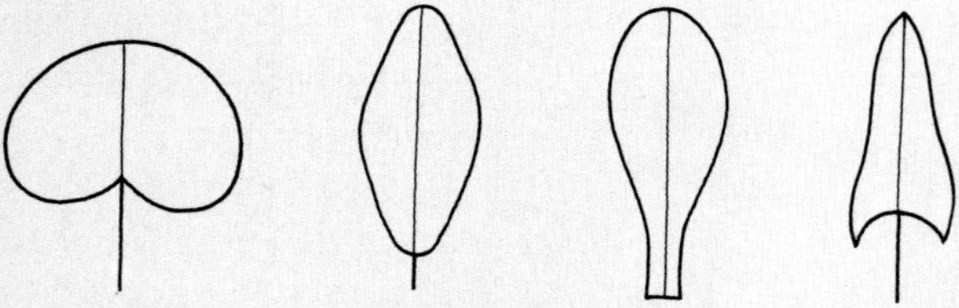

nierenförmig rautenförmig spatelförmig pfeilförmig

Zusammengesetzte Blätter

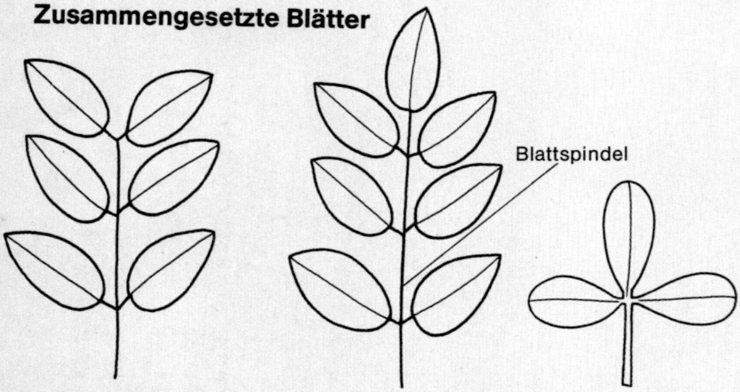

paarig gefiedertes Blatt unpaarig gefiedertes Blatt gefingertes Blatt

Blattränder

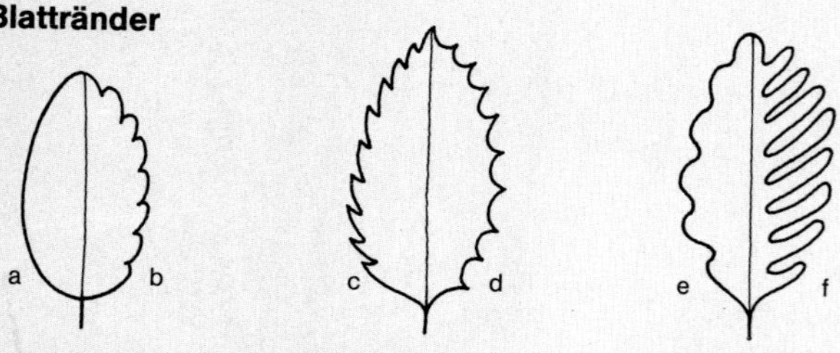

a ganzrandig
b gekerbt

c gesägt
d gezähnt

e gebuchtet
f fiederspaltig

S.p.A.
PELLEGRINO
(BERGAMO) ITALIEN
MIT KOHLENSÄURE VERSETZT
CALCIUM-MAGNESIUM-SULFAT
INHALT 75 cl
S.PELLEGRINO
ACQUA INTERNAZIONALE